聪明的孩子
是如何记忆的

风影 \ 著

天津出版传媒集团

天津人民出版社

图书在版编目（CIP）数据

聪明的孩子是如何记忆的 / 风影著 . -- 天津：天
津人民出版社，2019.4
ISBN 978-7-201-14110-7

Ⅰ．①聪… Ⅱ．①风… Ⅲ．①儿童－记忆能力－能力
培养 Ⅳ．① B842.3

中国版本图书馆 CIP 数据核字（2018）第 212649 号

聪明的孩子是如何记忆的
CONGMINGDEHAIZI SHIRUHEJIYIDE

风影 著

出 版	天津人民出版社	
出 版 人	刘 庆	
地 址	天津市和平区西康路 35 号康岳大厦	
邮政编码	300051	
邮购电话	（022）23332469	
网 址	http://www.tjrmcbs.com	
电子邮箱	tjrmcbs@126.com	

责任编辑	王昊静
策划编辑	马剑涛
装帧设计	润和佳艺

印 刷	大厂回族自治县彩虹印刷有限公司	
经 销	新华书店	
开 本	880×1230 毫米	1/32
印 张	6	
字 数	90 千字	
版次印次	2019 年 4 月第 1 版	2019 年 4 月第 1 次印刷
定 价	42.00 元	

前言
PREFACE

　　有一种孩子叫学霸，在人们眼中，他们聪明、知识渊博、学习成绩好，是家长和老师的骄傲，许多家长对其大赞不已。

　　其实，这些学霸之所以学习好，除了与自身的勤奋刻苦有关外，良好的记忆力也是一个很重要的因素。尤其是在小学阶段的学习中，需要记忆的部分甚至占到了学习成绩的80%~90%。

　　在现实生活中，我们会发现，那些成绩优异的孩子通常具有良好的记忆力，正是这种良好的记忆力让他们能够更快地接受知识，并且牢固掌握这些知识；相反，那些记忆力差的孩子往往因为记不住所学知识而落后于人。

　　不仅如此，那些记忆力好的孩子在生活方面也能更快地积累生活经验，从而在解决问题时游刃有余；而那些记忆力差的孩子则可能因屡次犯类似的错误而处处碰壁。

　　可见，记忆力在孩子的学习和生活中扮演着重要的角色，家长要给予足够的重视。尤其在孩子记忆力的黄金期——小学阶段，家长更要把握这个关键时期，帮助孩子提高记忆力。

　　可能有的父母会产生疑问：孩子的记忆力真的能提高吗？记忆力难道不是天生的吗？如果自家的孩子脑子笨，记忆力也能变好吗？提出这些疑问的家长显然对记忆力有误解。

其实，每个人的记忆力都是相差无几的，而且都有着无限的记忆潜能。科学研究表明，人的大脑每秒钟可以接收10条新信息，即使照这样的记忆速度持续一生，大脑也还有储存其他信息的余地。这就是说，每个孩子都有成为"记忆小天才"的可能。

为了帮助孩子们提高记忆力，本书就影响记忆力的几个重要因素——记忆的环境、记忆时的心情、对所记内容是否感兴趣、记忆方法以及记忆习惯等进行了全面的解读，帮助家长在生活的方方面面为孩子提供有利于记忆的条件，为提高孩子的记忆力做好铺垫。

从提高孩子的记忆力方面来讲，掌握大脑记忆的规律和提高记忆力的方法是重中之重。本书为家长和孩子们介绍了记忆的遗忘规律及对抗遗忘的措施，并精选了诸多实用的记忆方法，以供大家参考。

　　为了让本书更适于孩子和家长共同阅读，书中特意添加了许多有助于提高记忆力的记忆小练习和益智游戏，能让孩子们在玩乐中不知不觉提升记忆力。

　　最后，希望本书能成为家长们的好帮手、孩子成长路上的良师益友，为孩子提高记忆力助一臂之力。

目录
CONTENTS

第一章 记忆很重要，关乎孩子一生

记忆力不只为成绩加分 / 002

大脑是一个容量巨大的"硬盘" / 006

记忆时常会遗忘 / 009

抓住孩子记忆的黄金期 / 013

测测孩子的记忆力 / 017

记忆趣闻：虚拟历史事件记忆 / 021

第二章 培养积极的情绪，进入最佳记忆状态

让好心情为记忆服务 / 024

让自信成为孩子记忆的"催化剂" / 028

让孩子远离恶性刺激 / 032

被动记忆只会适得其反 / 036

幸福感强的孩子记性好 / 040

教你一招：巧记古诗词 / 045

第三章 提升孩子的记忆力，先创造记忆环境

给孩子一个安静、整洁的记忆环境 / 048

玩耍、放松是为了更好地记忆 / 051

把"随时"记忆融入环境中 / 055

记忆趣闻：火灾是怎么发生的 / 059

第四章 培养孩子的兴趣，让孩子学会主动记忆

记忆枯燥？寻找记忆乐趣 / 062

记不住？融入感兴趣的话题中 / 066

记不牢？融入喜爱的游戏中 / 069

与孩子畅游记忆的海洋 / 073

教你一招：英文单词要这样记 / 077

第五章 调动全部感官，打造大脑超级"硬盘"

大声朗读有助于记忆 / 080

让手指帮助记忆 / 084

闭眼倾听，记得更牢 / 088

实践记忆，让孩子记得既快又准 / 092

颜色，给记忆以视觉冲击 / 096

记忆趣闻：记忆史上的那些人、那些事 / 099

第六章 选对记忆方法，孩子记忆事半功倍

谐音记忆法：枯燥变有趣 / 102

歌诀记忆法：朗朗上口更好记 / 106

故事记忆法：让记忆更形象 / 110

分类记忆法：让记忆更简单 / 113

规律记忆法：一目了然记忆快 / 117

理解记忆法：记忆有章法 / 120

提纲记忆法：有助于快速记忆 / 124

字头记忆法：先记字头再回忆整体 / 128

画图记忆法：让记忆更清晰 / 131

联想记忆法：加深记忆 / 134

记忆卡片：可随时记忆 / 138

教你一招：轻松牢记数学知识 / 141

第七章 培养记忆好习惯，学习轻松成绩好

积极训练左右脑 / 144

及时复习有助于对抗遗忘 / 148

在最佳时间段记忆 / 152

睡眠是记忆的"加油站" / 157

坚持运动可提升记忆力 / 161

记忆趣闻：库克是这样记住扑克牌的 / 166

参考答案 / 168

附 录 / 170

后 记 / 179

—·第一章·—
记忆很重要，关乎孩子一生

假如没有记忆力，我们便会成为转瞬即逝之物，从将来看过去，所看到的便会是一片死寂而已。而所谓现在，随着它一分一秒地流逝，也会一去不复返地消失在过去之中。基于过去所产生的知识和技能都不可能存在，就连我们一生中实际上持续不断地进行的，并且使我们变成了今天这个样子的学习活动也不可能存在。

——前苏联著名心理学家　鲁宾斯坦

记忆力不只为成绩加分

老师："贾纯，你来背白居易的这首《忆江南》吧！"

贾纯："江南好，风景旧曾谙。日出江花……日出江花……嗯嗯，还有什么来着？"

老师："坐下吧，下课前再来找我背诵。"

贾纯："整天背、背、背，为什么就是记不住呢！"

可能贾纯同学的抱怨代表了大部分同学的心声。

的确，一提起背诵课文，许多孩子都会愁眉苦脸，因为他们认为背诵课文是一件令人头疼的事情。其实，只要掌握了正确的记忆方法，学习上的记忆根本不是难事，学习成绩也会显著提升，更重要的是会对孩子的一生产生深远影响。

成功离不开良好的记忆力

许多出色的政治家、军事家、文学家都以惊人的记忆力获得了巨大的成功。

例证一：

人们通常这样来形容马克思的记忆力："马克思的头脑是用多得令人难以置信的历史及自然科学的事实和科学理论武装起来的……"因此，我们可以说，马克思之所以能完成巨著《资本论》，与他超强的记忆力不无关系。

例证二：

法国历史上著名的军事家拿破仑也具有超强的记忆力。据说他能将18世纪军事家所重视的一切军事理论熟记于心，而且他的大脑就是一张活地图，不用看地图就能精准发布进军命令。

记忆力在成绩中的比重

记忆力在成绩中占有非常重要的地位，尤其是在小学阶段，需要记忆的部分在小学生成绩中的比重甚至占到了80%~90%。有统计数据显示，78%的小学生成绩不好的原因是记忆力欠佳。

生活中处处离不开记忆力

"你这孩子，怎么总是忘记关灯？"

"你怎么这么笨？教你十遍了，还是记不住！"

"什么？老师下午交代了什么作业，你都忘了？"

"你的书包丢哪儿了，你不知道？"

"人家都会背，偏偏就你不会？"

也许孩子不知道，之所以让妈妈暴跳如雷，仅仅是因为自己记性太差。

趣味记忆练习　给你的大脑做做操

颠倒歌

太阳从西往东落，听我唱个颠倒歌。

天上打雷没有响，地下石头滚上坡。

江里骆驼会下蛋，山上鲤鱼搭成窝。

腊月酷热直淌汗，六月暴冷打哆嗦。

黄河中心割韭菜，龙门山上捉田螺。

捉到田螺比缸大，抱了田螺看外婆。

外婆在摇篮里哇哇哭，放下田螺抱外婆。

大脑是一个容量巨大的"硬盘"

小林:"爸爸,您怎么知道这么多!您是怎么记住这些信息的呢?"

爸爸:"小林,爸爸告诉你,人的大脑就相当于一个超级硬盘,能储存大量信息,即使是记忆力很强的人,也只利用了其中的一小部分。"

小林:"那我以后也要好好利用大脑这个超级硬盘!"

古时候,人们根本没有认识到记忆与大脑的关系。古希腊哲学家柏拉图认为,人的记忆就像刻在一块柔软的蜡上的印记,随着时间的流逝会慢慢变得模糊。而他的学生亚里士多德则认为,记忆来源于心脏。随着科技的发展,人们逐渐揭开了记忆的面纱,原来记忆来源于大脑，大脑是记忆的物质基础。

大脑是记忆的物质基础

我们的大脑就像一个放大了的核桃仁，它的表层密密麻麻分布着数十亿个神经细胞，这些细胞之间通过神经突触相互作用，从而形成极其复杂的联系。记忆就是脑神经突触之间的相互呼叫作用产生的。

大脑的记忆模式

一般来说，记忆包括三个主要过程：识记、保持以及再认和再现。记忆始于识记，识记又包括有意记忆和无意记忆两个方面。当

记住之后，大脑会将接收到的信息储存起来。当再次看到识记的事物时，我们就会第一时间认出来，有时即使看不到事物，也能在脑海中想象出它的样子，这就是再认和再现。

大脑的容量

打一个形象的比方，大脑能储存的信息量相当于大约两千万个四抽档案柜所能存放的文字信息，也相当于13.3年时长的高清电视录像。

虽然大脑的容量巨大，但是人们真正利用的只是其中的一小部分。有研究表明，即使有着超强记忆力的人，他们也仅仅利用了大脑的3%~10%。因此，大脑的绝大部分还有待开发。作为父母，我们要积极地帮助孩子提升记忆力。

亲子时光 一起玩记忆游戏

回忆一下学过的数学名词，试着填一下。

（1）中途——（   ）　　（2）弯路——（   ）

（3）马路没弯——（   ）　　（4）羊打架——（   ）

（5）五分线——（   ）　　（6）员——（   ）

（7）失去联络——（   ）　　（8）并肩前进——（   ）

记忆时常会遗忘

　　轩轩："妈妈，今天我们学了一首很美的诗，我背给您听听，好吗？"

　　妈妈："好的，我也很想听听呢。"

　　轩轩："诗的名字叫《凉州词》，诗是这样的：葡萄美酒夜光杯，欲饮琵琶……欲饮琵琶……还有什么来着？我在课堂上明明记得很清楚，现在怎么忘了？"

　　妈妈："这是很正常的，多记几次就能记牢了。"

　　从上面轩轩和妈妈的对话中，我们可以看出来记忆是会被遗忘的，它会随着时间的流逝而逐渐模糊，甚至在大脑中根本没有留下任何蛛丝马迹。

艾宾浩斯遗忘曲线

德国著名的心理学家艾宾浩斯曾对记忆和遗忘的关系进行了研究，并由此得出了一个直观的曲线图，如下图所示，人们将其称为艾宾浩斯遗忘曲线。

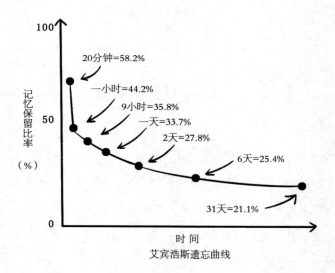

艾宾浩斯遗忘曲线

从上面的曲线图中我们可以看出，人们的记忆量是随着时间的延长而逐级递减的。遗忘常常发生在刚刚开始的那几天，对于学生的学习来说，及时复习、巩固所学的知识比过一段时间再复习效果要好得多。

影响遗忘的因素

事实上，艾宾浩斯遗忘曲线也并不是绝对的遗忘规律，遗忘还会受到一些其他因素的干扰和刺激，它们也会影响遗忘的程度。比如，那些使心灵受到强烈震撼的事情不会轻易被忘记，人们容易记住让自己感兴趣的事情，等等。

防止遗忘过快的对策

遗忘规律告诉我们，当我们记忆一些知识后，在不复习加深记忆的情况下，20分钟后我们仅能记起其中58.2%的知识；到1小时的时候，记住的知识量只剩下原来的44.2%；1天后，我们将遗忘66%的知识；2天后，我们只能记起27.8%的知识；之后遗忘会变得越来越少，即使再过一周甚至一个月，我们仍能记起21%～25%的知识。

孩子在记忆知识时，为了防止其遗忘过快，我们要督促孩子在快速遗忘的时间点上及时复习，争取将知识掌握牢固。

 趣味记忆练习 | 给你的大脑做做操

熟记十二生肖和十二星座，看看如何记忆才能记得又快又准。

1. 十二生肖

鼠、牛、虎、兔、龙、蛇、马、羊、猴、鸡、狗、猪

2. 十二星座

白羊座、金牛座、双子座、巨蟹座、狮子座、处女座、天秤座、天蝎座、射手座、摩羯座、水瓶座、双鱼座

抓住孩子记忆的黄金期

梦梦："爷爷，我会背圆周率小数点后面13位了！"

爷爷："是吗？梦梦真厉害！你背给我听听！"

梦梦："3.1415926535898。爷爷，我教您，您背背看看。3.1415926……"

爷爷："3.1415？还有什么？"

人类的记忆在不同的年龄段具有不同的特点，一般来说，童年的记忆力要优于其他年龄段的。因此，父母要抓住孩子记忆的黄金期，对孩子进行记忆力的开发和锻炼，培养孩子养成良好的记忆习惯，这对孩子以后的成长大有裨益。

孩子记忆的黄金期

从生物学的角度来说，儿童的记忆力确实比青年人和中老年人好得多。人类学家和心理学家经大量研究指出，一个人的记忆力从一出生就有了，1~3岁开始显著发展，3~6岁进展极为迅速，6~13岁是人的一生中记忆力发展的黄金时期，13岁时达到记忆力的顶峰，此后记忆力最多只能保持在这个水平，随时都有减退的可能。

孩子需要"潜教育"

意大利著名教育学家蒙台梭利经过大量实验表明，儿童的记忆力令人惊叹。一篇文章，他们听5~10遍就会留下印象，听20~30遍就会很熟悉，听50遍时，95%的孩子能将其背诵下来。蒙台梭利将这种教育方法称为"潜教育"。

潜教育，也叫潜意识教育，它是利用孩子本能的好奇、模仿、揣摩，让孩子无意间注意、无意间记忆和学习一些知识，而不会导致他们不开心，或者给他们带来过重的学习负担。

了解了孩子的这种潜能后，父母平时一定要注意寻找机会对孩子多多进行"潜教育"，多给孩子灌输一些健康、积极向上、有内涵的内容，比如，教孩子朗诵唐诗宋词、中国的经典古文，给孩子讲健康有意义的故事，让孩子听中西方古典音乐等，这些都是不错的选择。

亲子时光　一起玩记忆游戏

把下面的成语补充完整，并使等式成立。

1. 加法

（　）生有幸＋（　）呼百应＝（　）海升平

（　）龙戏珠＋（　）鸣惊人＝（　）令五申

（　）步之才＋（　）举成名＝（　）面威风

2. 减法

（　　）全十美－（　　）发千钧＝（　　）霄云外

（　　）方呼应－（　　）网打尽＝（　　）零八落

（　　）亲不认－（　　）无所知＝（　　）花八门

测测孩子的记忆力

乐乐妈妈："我家孩子记忆力真差，背一小段课文，就能背错好几处。"

月月妈妈："我家孩子也是这样，上次考试就是因为一句古诗记错了一个字，被扣了2分，要不然她能考100分。"

圆圆爸爸："圆圆记性更差，有时候把我的手机号都记错。"

听着家长们七嘴八舌的讨论，你是不是也想知道自己的孩子记忆力如何？那我们就来测一测孩子的记忆力吧！

此次测试援引自新加坡《海峡时报》的一段报道，测试孩子的短时记忆力、中期记忆力和长期记忆力，以给孩子的记忆力做一个综合评估。

短时记忆力

下列情况在你身上是否经常发生？经常发生打4分，时有发生打3分，偶尔发生打2分，很少发生打1分，从未发生打0分。

☆ 当你在阅读的时候，发现自己什么也没有装进大脑，不得不重新再读一遍。

☆ 出门之后，忘了是否关灯或锁门。

☆ 走进一个房间，却想不起来进去做什么。

☆ 到超市去买4~5样东西，由于没有列出清单，结果总有一两样东西忘记买。

☆ 别人告诉你的名字，一转眼就忘记了。

中期记忆力

下列情况在你身上是否经常发生？经常发生打4分，时有发生打3分，偶尔发生打2分，很少发生打1分，从未发生打0分。

☆ 想不起来上个周末自己做了些什么。

☆ 忘记好朋友或自己亲戚的姓名。

☆ 讲笑话时想不起引人发笑的妙句。

☆ 忘了要替别人传达的口信。

☆ 去曾经去过的地方还需查看地图和路线。

长期记忆力

下列事件你能记住多少？不能记住的打2分。

☆ 你家过去使用的电话号码是多少？

☆ 你曾经通过的普通考试考了些什么？

☆ 你是怎样庆祝6岁生日的？

☆ 你在孩提时代最喜爱的玩具是什么？

请把上述所得的分数加起来，根据总分判断孩子记忆力的好坏。当然，分数越少越好。

趣味记忆练习 给你的大脑做做操

分秒必争

分秒必争，在体育运动比赛中最常见。举重运动员从点名到试举，时间为2分钟，如果超过2分钟，则判为一次试举失败；在体操比赛中，女子自由体操应在1分10秒～1分30秒之间完成，而男子自由体操则规定完成所有动作的时间为50～70秒；职业拳击赛为8～15个回合，每个回合3分钟，如果选手被对方击倒在地，过了10秒还没有站起来，比赛即结束，倒地者为败。

读一遍，看你能记住多少。读几遍，你能将这些内容准确无误地记下来呢？

记忆趣闻：虚拟历史事件记忆

在"世界脑力锦标赛"中，有一个比赛项目叫"虚拟历史事件记忆"，要求参赛选手在5分钟内记住尽可能多的虚拟历史事件。

为什么要求记住虚拟的历史事件？原因是保持比赛的公平性。每个参赛选手的专业不同，知识侧重点也不一样，如果使用真实的历史事件，就很难做到公平。因此，人们就虚拟出很多历史事件让参赛选手来记，并且保证这些事件是所有参赛选手不曾听说的。比如：

1669年，23亿只蚂蚁到青藏高原集合；

2034年，健谈的人被要求拍电视；

1342年，编辑部被传出丑闻；

1779年，流行中山装和旗袍；

············

看懂了吧？这些都是虚构的事件，目的是公平地评估比赛选手们对年份和时间匹配的记忆能力。到目前为止，这个比赛项目的最好成绩是5分钟内记忆将近100个虚拟的历史事件。

第二章

培养积极的情绪，进入最佳记忆状态

我们各门学科都有一些基本的知识要记住，基本公式、规律要记住，这是不错的，但是，不是所有的七零八碎的烦琐的东西都要记住。书上都写着在哪里，那时候你去查一查就行了。

——中国当代语言学家 吕叔湘

让好心情为记忆服务

老师："天天妈妈，孩子今天状态不太对，背课文总是出错，他平时可不是这样的。"

天天妈妈："可能他今天心情不好。"

老师："哦，您有空的话帮助孩子调整一下心情吧！"

天天妈妈："好的！"

好心情是记忆的基础。如果在心情不佳的情况下记忆，往往不容易记住。所以，父母要想方设法帮助孩子调整心情，让孩子在心情愉快的状态下进行记忆。

一项"心情与记忆"的测试

一项研究结果显示：在心情愉悦的情况下，孩子能记住70%左右的内容；在心情平静无波澜的情况下，孩子能记住40%的内容；在心情糟糕的情况下，孩子仅能记住20%左右的内容。由此我们不难看出，让孩子在心情愉快的状态下记忆，记忆效率更高，记忆效果更好。

心情影响记忆力的原因

通常来说，当孩子在心情愉悦、精神放松的状态下时，他大脑

内与记忆相关的神经元和特定脑电波会配合得十分默契，它们同步运转，共同发挥作用，这样孩子的记忆力自然会提高；而在心情不佳的情况下，如果强迫孩子记忆，孩子会变得十分烦躁、焦虑，他的神经紧绷着，此时他的思维能力、记忆力、感知觉都会下降，自然他的记忆效果也会大打折扣。

帮助孩子调节心情的两种方法

1. 多肯定和表扬孩子

让孩子感到最快乐的事情就是来自父母的肯定和表扬。家长不仅要在记忆前、记忆过程中给予孩子鼓励，还要在记忆任务完成后适时给予孩子肯定。

2. 用良好的情绪去感染孩子

当孩子心情不好时，家长可以用自己的良好情绪与孩子进行互动，孩子受家长良好情绪的影响，自己的心情也会好起来。当然，当家长心情不好时，要尽量避开孩子，以免影响孩子的心情，尤其在孩子进行记忆时。

亲子时光 一起玩记忆游戏

我们知道，情绪分为正面情绪、负面情绪和中性情绪，请你在1分钟的时间内按照下面的分类将你所知道的各种情绪写下来。写完后，再查阅资料进行补充。

正面情绪：

负面情绪：

中性情绪：

让自信成为孩子记忆的"催化剂"

朋朋："灵灵，我总是记不住这些单词。我是不是很笨啊？"

灵灵："不是你笨，是你没找对记忆方法。找对方法很好记的。"

朋朋："是吗？"

灵灵："是的，比如，我在记eat的时候会想到tea，在记teem的时候会想到meet，这就相当于一次记住了两个单词。"

自信对孩子的记忆力影响非常大，其实不止记忆，做任何事情都离不开自信。美国著名思想家、文学家爱默生说过："自信是成功的第一秘诀。"因此，要想提高孩子的记忆力，乐观向上、自信的态度是必不可少的一个因素。

好记性不是天生的

孩子的记忆力受多种因素的影响，除了遗传因素，还包括记忆的环境、时间、方法等多种因素。其中，记忆的方法是重中之重，只要掌握了正确的记忆方法，普通的孩子也可以拥有超强的记忆力。

抑制效应

要想记住什么内容，首先要相信自己一定能记住它。如果对自己的记忆能力没有信心，那么脑细胞的活动就会受到抑制，进而导致记忆能力减退。这种现象就是心理学家所说的"抑制效应"。

简单来说，抑制效应就是这样一个恶性循环：没有记忆信心——脑细胞活动受到抑制——记忆能力减退——自信心更加丧失……如此恶性循环下去，记忆力只会越来越差。

积极暗示法

日本著名的心理学家多湖辉认为，记忆的关键就是要有"我能记住"这种自信心。家长要帮助孩子树立记忆的信心。当孩子有某些好的记忆表现时，家长应及时表扬孩子。比如，当孩子记住一首歌，或能复述一个故事时，家长可以说："你的记忆力真好，比爸

爸和妈妈都厉害。"这样就能让孩子对记忆有信心，他自然精力旺盛、情绪高涨，脑细胞的活动能力也会大大增强，记忆力也会相应提升，从而形成良性循环。

你是最棒的，你一定能记住！

趣味记忆练习　给你的大脑做做操

英语绕口令

Spring is showery, flowery, bowery.

Summer is hoppy, croppy, poppy.

Autumn is wheezy, sneezy, freezy.

Winter is slippy, drippy, nippy.

注释：

春天雷雨阵阵，百花吐艳，树荫宜人。

夏天欢快跳跃，庄稼喜人，爆竹声声。

秋天空气凉爽，喷嚏涟涟，神清气爽。

冬天滴水成冰，雨雪茫茫，天寒地冷。

读一读上面的英语绕口令，测一测你多长时间能记住。

让孩子远离恶性刺激

哥哥："小光，我发现一个好看的电影，你要看吗？"

小光："看，当然要看了。"

看电影中……

小光："我不看了，杀人了，好多血啊，我害怕！"

哥哥："那你去学习吧！"

…………

小光："我怎么老是走神，大脑中时不时地浮现出电影中的画面呢？"

孩子的心智不成熟，他们很容易受到外界事物的干扰，尤其是那些视觉和听觉上的恶性刺激，往往会在他们头脑中留下难以消除的阴影，这会导致他们脑海中常常浮现出那些画面，无法集中注意力，因而记忆力也会受到损伤。

恶性刺激的严重后果

当孩子看到一些恐怖、暴力的画面，或者听到愤怒、粗鲁的声音时，他们常常会受到惊吓，这样的恶性刺激会使孩子的大脑出现短暂的紊乱状态，无法很快恢复平静。如果孩子所受的刺激过于强烈，他们就会出现思维短路，反应迟钝，记忆力也会减退。

避免恶性刺激的措施

孩子只有在不受外界干扰的情况下才能专心地学习、记忆。要想让孩子免受恶性刺激，家长应做到以下两点。

1. 不让孩子接触不良的影视节目

家长和孩子一起看影视节目时，要看一些有助于孩子增长见识、健康成长的有益节目，不让孩子接触那些恐怖、暴力、色情的影视节目。如果孩子不小心看到了，家长要及时对孩子进行心理疏导，消除孩子的负面情绪。

2. 避免在孩子面前发脾气

家长在日常生活中，一定要注意克制自己的坏脾气，尤其是孩子在学习、记忆时，家长不要放任自己的暴脾气，让孩子看到自己凶巴巴、气冲冲的样子，也不要让孩子听到自己愤怒、咆哮的声音。最好让自己冷静一下，心平气和地解决问题。

亲子时光 一起玩记忆游戏

下面的100个数字是打乱顺序后排列的，让孩子找出15个数字来，比如1~15，68~82。家长可以记录孩子找出这15个数字所用的时间，并让孩子记住这些数字的位置，再一次要求孩子快速找出来，以锻炼孩子的记忆力。

12	33	40	97	94	57	22	19	49	60
27	98	79	8	70	13	61	6	80	99
5	41	95	14	76	81	59	48	93	28
20	96	34	62	50	3	68	16	78	39
86	7	42	11	82	85	38	87	24	47
63	32	77	51	71	21	52	4	9	69
35	58	18	43	26	75	30	67	46	88
17	46	53	1	72	15	54	10	37	23
83	73	84	90	44	89	66	91	74	92
25	36	55	65	31	0	45	29	56	2

被动记忆只会适得其反

妈妈："真真，马上要考试了，今天晚上把英语课本后面的单词全部背下来啊。"

真真："这么多……"

妈妈："一会儿你背完了，我过去抽查。没记住的话，今天晚上就别想睡觉了！"

爸爸："不要强迫孩子去记，越是这样，就越是记不住。"

真真妈妈的做法无疑是错误的。一味地用"高压"政策强迫孩子记忆，效果往往适得其反。家长应让孩子在轻松愉悦的状态下记忆，这样记忆效果才会好。

被动记忆对孩子的影响

被动记忆对孩子的影响有以下几点：

1. 对记忆失去兴趣

父母逼迫孩子去记忆、去学习，孩子会感到非常痛苦。在这种情况下，孩子记忆的积极性很难被调动起来，反而会对记忆感到厌烦，甚至对学习失去兴趣。

2. 记忆效率降低

有研究表明，人们在受到外界刺激或者精神紧张的时候，容易遗忘。此外，人们在疲劳的时候，大脑神经细胞的活动能力会降低，甚至完全丧失。

3. 阻碍孩子记忆潜能的发挥

一般来说，实施"高压"政策的家长往往不懂得提高孩子对记忆的兴趣，不会引导孩子理解记忆，只会让孩子死记硬背，这容易使孩子的思维变得僵化，甚至不会理解事物的变化，长期下去，孩子的记忆力自然无法提高。

有助于提升孩子记忆力的做法

要想提高孩子的记忆力，家长就要摒弃让孩子"被动记忆"的做法。为此，给出以下两点建议供参考。

1. 尽量不要逼迫孩子去记忆

家长不要在孩子困倦、心情不好等状态不佳的情况下逼迫孩子去记忆，而要让孩子在自然放松的状态下去记忆。例如，每天拿着卡片逼迫孩子认字显然不如在生活中偶然看到后教孩子认字效果好。

宝贝，困了就去睡觉吧，明天再背课文。

2. 给孩子制定适当的记忆目标

家长给孩子制定的记忆目标要适当，如果目标过于远大，将会使孩子产生心理负担，很难让他们即刻采取行动去实现目标。我们不妨将一个大目标分成一个个小目标，甚至具体到一天需要完成的目标，这样更利于孩子去实现目标。

趣味记忆练习　给你的大脑做做操

　　星期天，凡凡的妈妈到商场购物，她买了很多东西，下面是她所买的物品及对应的价格：手机2988元，珍珠项链1900元，皮鞋360元，真丝围巾298元，装饰画500元，时尚钟130元，工艺绢花180元，化妆品256元。你能很快说出她买了哪些商品及对应的价格吗？

幸福感强的孩子记性好

菲菲："我爱我的家，弟弟爸爸妈妈，爱是不吵架，常常陪我玩耍……"

王奶奶："菲菲，在唱歌呢！唱得真好听！"

菲菲："那当然了，这首歌写得特别像我家，我家就是这么幸福，所以我听一遍就记住歌词了。"

王奶奶："菲菲真棒啊！"

一般来说，当孩子感觉幸福时，心情会变得愉悦，记东西也非常快。也就是说，孩子的记忆力与幸福感成正比，幸福感越强，记忆力越好。

记忆力与幸福感成正比

大量社会调查已证实，幸福感强是孩子提高记忆力的最好条件。当孩子感觉幸福的时候，这种幸福感可促使孩子体内分泌一些特殊的激素和乙酰胆碱等物质，这些物质有助于增强孩子的免疫力，并增强孩子的大脑活力，记忆力自然而然就会得到提升。

增强孩子幸福感的策略

1. 善于向孩子表达爱

孩子感觉最幸福的事情就是得到爸爸和妈妈的爱。

父母都是爱孩子的，只是有些父母表达爱的方式比较含蓄、内敛。孩子年龄尚小，直接的表达方式，比如亲密的肢体接触，温柔关爱的语言，更能让孩子体会到被爱，产生强烈的幸福感。

因此，我们可以每天多抱抱孩子，多倾听孩子的心声，多表扬孩子，让孩子感受到幸福。

2. 尊重孩子的个性

每一个孩子都有自己的个性，他们渴望得到足够的尊重。如果家长不尊重孩子的个性，孩子就会心生不满。

有研究表明，孩子内心的满足感可以带来幸福感，因此，我们一定要尊重孩子的个性，提升孩子的幸福感。这就要求我们从

内心尊重孩子的平等权利，在生活中注意诸多细节，比如，不打断孩子说话，认真考虑孩子的意见，在合理范围内给予孩子自主选择的权利。

3. 不要对孩子抱有不切实际的期望

虽然说压力会带来动力，但是过高的压力只会让孩子止步不前。对孩子期望过高，往往会给孩子带来沉重的压力，孩子就没有幸福可言。要想让孩子拥有幸福感，家长要调整对孩子的期望值，还孩子一个幸福的童年。

在帮孩子制定目标的时候，不妨让孩子自己主导，这一方面会让目标更加合理，可实现性更强，另一方面又能让孩子对自己的学习现状有清楚的认知，提高孩子独立分析问题的能力。

4. 维持家庭的和谐美满

和谐美满的家庭生活是孩子获得幸福感的重要来源，尤其是父母之间关系的和谐，往往让孩子感觉非常幸福。

孩子的内心虽然单纯但是非常敏感，父母的负面情绪以及家庭中不和谐的氛围都会感染到他。

因此，父母间的矛盾和纠纷最好不要当着孩子的面来解决。

亲子时光　一起玩记忆游戏

你有没有听说过"反说"游戏呢？下面我们就来玩玩这个游戏吧。

游戏举例：妈妈说"风景区"，孩子要说"区景风"；妈妈说"一对好朋友"，孩子要说"友朋好对一"。

游戏项目：

1．"反说"数字

妈妈说"14569"，孩子说＿＿＿＿＿＿＿＿＿＿＿＿＿＿＿＿

孩子说"48592476"，妈妈说＿＿＿＿＿＿＿＿＿＿＿＿＿＿＿＿＿＿＿

2."反说"英语

妈妈说"apple"，孩子说＿＿＿＿＿＿＿＿＿＿＿＿＿＿＿＿＿＿＿＿

孩子说"elephant"，妈妈说＿＿＿＿＿＿＿＿＿＿＿＿＿＿＿＿＿＿＿

游戏说明：数字和英语都是随机说的，出题人要记清自己的题目。家长和孩子还可以尝试更长的数字和英语字母。

教你一招：巧记古诗词

赠汪伦

李白〔唐〕

李白乘舟将欲行，忽闻岸上踏歌声。

桃花潭水深千尺，不及汪伦送我情。

记好这首古诗仅需七步：

第一步：把古诗原文认真读三遍，确保每个字的读音都准确无误。

第二步：理解作者作诗的意图和诗的意境。这首诗的意境是，李白乘船快要离岸时，他的好友汪伦亲自到岸边为他唱歌送行。好友的深情厚谊，让李白十分感动。他立即大笔一挥，写下此诗赠给

汪伦。

第三步：找出一幅能代表这首诗的图片或者照片。

第四步：从图片或照片中找出几个有标志的点，就本诗而言，这几个点分别是李白、船、岸、桃花潭、汪伦，并按顺序记住这些标志点。

第五步：找出每句诗的关键字（这首诗的关键字是舟、踏、深、情），然后将这些关键字转换成一组图像或者一个场景。

第六步：把转换好的图像按顺序挂接到刚才的标志点上。

第七步：回忆图像，反推原文。

— 第三章 •—

提升孩子的记忆力，先创造记忆环境

　　家庭的智力气氛对于儿童的发展具有重大的意义。一般儿童的发展、记忆，在很大程度上取决于家庭的智力兴趣如何，成年人读些什么，想些什么，以及他们给儿童的思想留下了哪些影响。

——前苏联著名教育家　苏霍姆林斯基

给孩子一个安静、整洁的记忆环境

荣荣："孩子如果已经长大，就得告别妈妈，四海为家……"

妈妈："你知道吗？老公，我同事的老婆生了一个8斤重的男孩……"

爸爸："是吗？真该恭喜他们……足球赛开始了，我要看电视了。"

妈妈："我还没说完呢，还有一条爆炸性的新闻……"

荣荣："你们小点声，我都没办法背书了！"

在日常生活中，许多家长都不注意给孩子提供一个安静、独立的记忆环境。在孩子进行记忆、学习时，有的家长在一旁走来走去，或者电视开得很大声；有的家长为了方便监督孩子学习，直接让孩子在嘈杂的客厅里学习。在这样的环境中学习，孩子记不住东西再正常不过了。

嘈杂的环境对孩子的不利影响

1. 孩子易受到干扰

环境对孩子的记忆力有着非常重要的影响，环境的状况与氛围直接作用于孩子的心理。在嘈杂的环境下记忆，孩子往往容易心浮气躁，无法全身心地投入，记忆的效果自然不会太好。

2. 孩子易分心

有的孩子在客厅学习，极易受到周围人和事物的"诱惑"，从而影响记忆效果。此外，即使孩子在房间里学习，如果房间凌乱，孩子也可能会分心。他可能会被书桌上的玩具吸引，也可能会被其他物品"诱惑"而分心。

如何为孩子提供良好的记忆环境

1. 给孩子营造安静的记忆氛围

当孩子在记东西的时候，一定要关掉电视机等电器。另外，不要在孩子旁边高谈阔论或者做打牌、打麻将等娱乐活动。如果不可避免地要在孩子旁边做一些事情，也最好轻手轻脚。

2. 保持孩子的学习空间整洁、不凌乱

在孩子学习时，书桌上除了书本和文具之外，最好不要有其他

无关物品。尤其要注意的是，男孩的书桌上最好不要放玩具，女孩
的书桌上最好不要放镜子。

趣味记忆练习 | 给你的大脑做做操

请你与孩子用一分钟默记以下描写太阳的词语，看谁记得最
多、最准确。

朝阳、骄阳、金阳、酷阳、夕阳、残阳、斜阳、红日、朝日、
烈日、炎日、春日、夏日、秋日、冬日、落日、日晕、日影、日
轮、火轮、金轮、红轮。

玩耍、放松是为了更好地记忆

　　妈妈："思思，你怎么开始玩芭比娃娃了？你怎么不背课文呢？"

　　思思："妈妈，我都背好长时间了，等会儿再背行吗？"

　　妈妈："不行，你马上就要考试了，抓紧时间复习去。"

　　思思："玩一会儿都不行，我都快学傻了！"

　　有的家长为了让孩子好好学习，不惜剥夺孩子玩耍、放松的时间。在这种情况下，孩子是没有办法专注地学习、记忆的。因此，家长不但不能让孩子长时间地学习、记忆，而且要适时提醒孩子休息。只有劳逸结合，孩子才能更好地去记忆知识。

一个有趣的实验

心理学家莫格和莫德夸尔做过这样一个实验：他们先让所有的被试者记忆一长串的形容词，然后将被试者分为A、B、C、D、E、F六组，接着他们安排A组看笑话书，B组背诵三位数的数字，C组记忆一些没有实际意义的拼词，D组记忆与实验开始记忆的形容词无关的形容词，E组记忆实验开始记忆的形容词的反义词，F组记忆实验开始记忆的形容词的近义词。当完成这些作业之后，主试者让他们写出实验开头记忆的形容词。结果，A组的记忆效果最好，能够记起45%，B组记起37%，C组记起26%，D组为22%，E组为18%，而记忆近义词的F组最少，仅为12%。

这个实验表明，紧张的记忆之后适当休息有利于防止干扰，从而提高记忆效率。

让孩子劳逸结合的措施

1. 不要剥夺孩子玩耍、放松的权利

当孩子专注于玩耍时，如果家长强行干预，就会让孩子丧失玩耍的乐趣，也会破坏孩子的注意力。这样，孩子在记忆东西时，就会不容易记住。因此，家长不但不能阻止孩子玩耍，还应抽出时间陪孩子一起玩耍。

2. 教孩子学会放松

如果孩子在学习、记忆方面花费的时间比较长，家长应让孩子学会放松，缓解大脑的疲劳。比如，出去活动一下，听舒缓、优美的音乐，闭目想象一些开心的画面，等等。

趣味记忆练习 给你的大脑做做操

请家长给孩子5分钟时间，让孩子记忆下面的"世界之最"常识（家长出题时横线上的字可用铅笔填写），然后擦掉横线上的字，让孩子重新填写，看孩子能不能正确无误地填写出来。

世界上最深的湖泊是<u>贝加尔湖</u>

世界上最长的公路是<u>泛美公路</u>

世界上最长的裂谷带是<u>东非大裂谷</u>

世界上最高的山峰是<u>珠穆朗玛峰</u>

世界上最热的大陆是<u>非洲大陆</u>

世界上最大的内海是<u>地中海</u>

世界上最大的岛屿是<u>格陵兰岛</u>

把"随时"记忆融入环境中

　　果果："爸爸，快看，是骆驼！它背上为什么有两个像山峰一样的东西呢？"

　　爸爸："那是驼峰，里面储存着脂肪，所以它即使四五天不吃东西，靠体内分解这些脂肪也能维持生命。驼峰还利于人们驮运和骑乘。"

　　果果："哦，骆驼真是一种神奇的动物。"

　　孩子的求知欲比较旺盛，他们时刻保持着好奇心。事实上，让孩子学习、记忆不一定非要让孩子对着书本死记硬背，有时候利用环境，让孩子随时记忆，可以起到意想不到的效果。

随时记忆的好处

1. 随时记忆让孩子没有压力

当记忆目标较小、记忆任务较轻时，家长可以采取随时记忆的方法将需要记忆的目标一点点融入环境中，这样就不会给孩子造成过重的心理负担，孩子也乐于接受，更利于记忆。

2. 随时记忆可激发孩子的记忆潜能

家长让孩子随时记忆，孩子就会将其看成是一种挑战，他们的大脑就会处于兴奋状态，并瞬间对记忆产生兴趣，从而激发出更大的记忆潜能。在这样的状态下，孩子记东西就会容易得多。

如何做到随时记忆

1. 根据生活场景，引导孩子随时记忆

平时家长在带孩子外出时，可以引导孩子进行记忆。家长要做生活中的有心人，将培养孩子记忆力的任务融入生活中。

2. 把孩子的学习内容融入环境中

家长可以把孩子的记忆任务分成一个个小目标。比如，将英语单词写在小黑板上，挂在家里醒目的地方；或者给孩子准备记忆小卡片，让他随时记忆。

3. 让孩子多观察

如果把观察比作孩子获取知识、经验的大门，那么记忆就是储存知识与经验的宝库。家长要让孩子多观察，通过观察记忆事物的具体形象，那么与事物相关的知识也会记忆得更深刻。

亲子时光 一起玩记忆游戏

（1）请快速记住以下名字：

王二小	小红帽	光头强	王昭君
柯南	王勃	董存瑞	汤姆

（2）快速完成下面的算术题：

19+7=	13+19=	5+9×1=
6×9=	12÷3+5=	10−1=
36−4×2=	18×1+2=	5+7+9=
9×3=	15×8=	9+3×4=

（3）请写出回答算术题之前记忆的那8个名字。

记忆趣闻：火灾是怎么发生的

牛顿是英国著名的科学家，他在物理学、天文学、数学领域为人类做出了卓越的贡献。在他49岁时，他的书房曾发生了一场火灾，许多宝贵的论文原稿化为灰烬，让他的心血毁于一旦。为此，他十分沮丧。

那是一个星期天，牛顿要去教堂做礼拜。临走的时候，他吹灭了蜡烛。牛顿怎么也想不明白：自己明明吹灭了蜡烛，而且桌子上也没有易燃的物品，仆人说也没有人进过书房，那么这场火灾到底是怎么发生的呢？

两年后的一个早晨，当牛顿起床去洗脸的时候，他对着镜子看着水珠从脸上落下，猛然想起失火那天早上的情景：那天他正洗脸时，忽然想起了论文中需要补充的地方，顾不上擦掉脸上的水珠，

就直奔书桌前。补充完毕后，这才用毛巾将脸擦干，换了件衣服就去了教堂。

直到此时，牛顿终于解开了火灾之谜：原来，当时牛顿脸上的水滴落到书桌上的一块玻璃片上，由于受到玻璃表面张力的作用，水珠变成了半圆形，从而起到了透镜的作用。那天阳光很刺眼，强烈的光线透过水滴形成焦点，时间一长，玻璃片下面的书稿就燃烧起来，火灾就这样发生了。

第四章

培养孩子的兴趣，让孩子学会主动记忆

我一般会在清晨读一些诗歌或散文，在黄昏读一些小说或杂记，每当头脑特别清醒的时候，我就抓紧时间来做读书笔记，因为这样难得的时间一定要记些东西才好。

——美国著名作家　爱默生

记忆枯燥？寻找记忆乐趣

爸爸："儿子，想不想和爸爸来一场记忆比赛？"

新新："当然，怎么比？"

爸爸："你妈妈负责念一些句子，咱俩复述下来，看谁复述得又快又好。"

新新："好啊！这还不是小菜一碟嘛！"

有的孩子对课本上的知识一问三不知，但对自己喜欢的明星的身高、体重、祖籍、家人、喜好等却一清二楚。这是为什么呢？这就是兴趣在记忆中发挥的强大作用。因此，要想提高孩子的记忆力，首先要让孩子对记忆的东西感兴趣。

浓厚的兴趣是记忆的前提

德国著名作家歌德说过这样一句话："哪里没有兴趣，哪里就没有记忆。"孩子对某一件事物感兴趣，他的大脑中心就会形成兴奋中心，脑神经就会处于积极状态，此时孩子不会认为记东西是一种负担，反而会享受记忆的过程，这对于记忆是十分有利的。

此外，对于感兴趣的内容，孩子会集中注意力，并积极进行观察和思考，这也是兴趣对孩子记忆力的积极影响。

帮助孩子寻找记忆的乐趣

让记忆不再枯燥，应作为家长帮助孩子记忆的目标。因为提升孩子的记忆兴趣，是提升孩子记忆力的关键。为此，家长可以从以下几个方面着手。

1. 帮助孩子寻找有趣的记忆方法

例如，吃饭的时候可以让孩子联想到英语单词dining-room（餐厅）、have breakfast（吃早餐）、have lunch（吃午餐）等。通过这种联想记忆，将记忆内容融入生活和想象中，孩子就会乐于记忆。

2. 让孩子的记忆内容变得有趣

比如，家长可以将孩子需要记忆的内容融入游戏中去，相信会

让孩子对记忆产生兴趣。家长还可以想出其他类似的办法让枯燥的

知识变得生动有趣，从而激发孩子的记忆兴趣。

3. 注重孩子的知识和经验积累

通常来说，人的兴趣与其知识积累及实践经验密切相关。因

此，想培养孩子对记忆的兴趣，还需加强孩子在知识和生活经验方

面的积累。

趣味记忆练习 给你的大脑做做操

你能把下列过程复述出来吗?（可以先动手做一做，再复述。）

（1）将茶杯洗干净。

（2）往茶杯里放茶叶，倒水，盖上杯盖。

（3）往茶杯里放糖，搅拌，盖上杯盖。

（4）压住杯盖倒茶水。

（5）倒掉茶叶。

记不住？融入感兴趣的话题中

琪琪："妈妈，今天我们学了apple（苹果），grape（葡萄）等表示水果的单词，可是我总是把它们弄混。"

妈妈："想记住并不难，以后妈妈经常带你去水果店，你想吃什么水果，就用英语告诉我，时间一长自然就记住了。"

琪琪："那太好了！我今天想吃banana（香蕉）！"

孔子曰："知之者不如好之者，好之者不如乐之者。"每个人都喜欢关注自己感兴趣的东西，孩子也是如此，他们对感兴趣的话题往往会表现出积极的态度。因此，家长在平时要多留意孩子感兴趣的话题，将孩子所需记忆的知识融入其中，这不失为一种好的帮助孩子摆脱枯燥记忆的做法。

感兴趣的话题可以提高孩子的记忆兴趣

很多家长发现，孩子在感兴趣的事情上注意力都特别集中，记东西特别快。因此，对于那些内容关联性不强，记起来十分枯燥乏味的内容，我们不应该强迫孩子死记硬背，而应想方设法将这些知识融入孩子感兴趣的话题中。

将知识融入孩子感兴趣的话题中

孩子只有感兴趣，才能记得牢，所以父母最好将知识融入孩子感兴趣的话题中，帮助孩子记忆相关知识。

1. **善于发现孩子感兴趣的话题**

在生活中，父母应该细心观察孩子，看孩子对什么比较感兴趣，然后将枯燥的记忆知识融入其中，这样，再枯燥的知识也会变得有趣味。比如，孩子喜欢唱歌，家长可以让孩子听一些英文歌曲，从中学习英语单词；一些古诗词被谱成曲传唱，家长可以通过让孩子跟唱的方式来记古诗词。

2. **运用道具让孩子的记忆内容更形象**

一般来说，孩子对那些具体的、生动形象的事物更有兴趣，记忆更深刻。家长可以运用实物、图画、标本、模型等直观的东西帮助孩子记忆，这样孩子就能产生比较深刻的印象，记得更牢。

亲子时光 一起玩记忆游戏

　　猜猜下面的地名分别是哪些省市。

　　（1）四季花开

　　（2）大家笑你

　　（3）一路平安

　　（4）海上绿洲

　　（5）风平浪静

　　（6）相差不多

　　（7）夕阳西下

　　（8）春天过完

　　（9）脱离险境

记不牢？融入喜爱的游戏中

妈妈："小博，听老师说你上课不好好听讲，考试时发呆，还交白卷。你是怎么回事？"

小博："每天都要学那么多东西，都不能玩，太无聊了。"

妈妈："怎么会呢？妈妈在课余时间给你报了那么多兴趣班，就是让你玩的啊！"

小博表现出的明显是一种厌学情绪。枯燥的学习很容易让孩子产生厌学情绪，如果家长能够以游戏的方式，将孩子需要学习、记忆的知识融入其中，孩子就会对这些知识产生兴趣，从而提高记忆力。

中外孩子游戏时间对比

有数据显示，外国的孩子们做游戏的时间较长，96%的课余时间都用来做游戏或者运动，他们每周做游戏的时间达到人均184个小时。与此形成鲜明对比的是，中国孩子的课余时间大多用于做作业和学习，他们每天的课余时间大多是在认字、计算、背单词、参加各种各样的学习班等学习活动中度过的。

游戏可提高孩子的记忆力

每个孩子都喜欢做游戏，将所需记忆的知识通过游戏的方式来记忆，孩子的印象会更深刻。

1. 游戏让记忆更轻松

游戏的氛围通常是轻松、欢畅的，在这种气氛下，孩子会心情愉悦。这种愉快的情绪，可以激发和调动孩子大脑的高度活动能力，使其记忆更轻松，印象更深刻。

2. 游戏可促进孩子记忆能力的发展

在游戏中，孩子会自觉、积极主动、有目的地去记忆一些游戏规则或者回忆游戏前面的环节，这有助于发展他们的有意记忆。同时，轻松愉悦的游戏氛围也发展了孩子的主动记忆能力。

孩子喜欢的三大类游戏

据调查研究表明，孩子通常喜欢以下三种游戏：

1. 角色扮演游戏

这其实就是玩过家家游戏，目的是将成人的活动通过游戏的方式表现出来，让孩子从中学习规则、交际、语言方面的技能。为了让孩子记忆更深刻，家长最好带孩子先去体验，再回家表演。

2. 结构游戏

又称"建筑游戏"，主要是让孩子通过玩积木、沙石、金属材料等，来获得抽象的有关结构材料的颜色、性质、形状和重量等方面的知识及空间、数量的概念。

3. 表演游戏

家长可以和孩子一起表演儿童文学作品、歌舞类节目，通过这样的表演让孩子感觉记忆是一种游戏，他们就会用游戏的态度来对待记忆，从而轻松记忆、学习知识。

趣味记忆练习 给你的大脑做做操

在桌子上放一副扑克牌，从中随意抽出9张，一一分开摆放好，给孩子几分钟的时间让他仔细观察，记住扑克牌的点数和花色。规定时间一到，家长就把扑克牌翻过来（扑克牌位置不要变动），让孩子回忆每张扑克牌的点数和花色。

与孩子畅游记忆的海洋

　　慧慧："唉，又有这么多东西要背！小英，你怎么看起来一点儿都不烦？"

　　小英："有什么可烦的？我觉得背书很好玩啊！"

　　慧慧："很好玩？为什么？"

　　小英："因为爸爸妈妈经常和我玩记忆游戏，每次我都玩得很开心，所以记东西对我来说没有任何压力。"

　　在日常生活中，如果家长能够像小英的爸爸妈妈那样给孩子营造一种良好的记忆氛围，比如，和孩子一起玩记忆游戏、进行记忆比赛等，这对于培养孩子对记忆的兴趣、提高孩子的记忆力都是十分有益的。

良好的家庭记忆氛围对孩子的益处

对孩子来说良好的家庭记忆氛围有诸多好处，主要体现在以下两个方面：

1. 使孩子不惧怕记忆

家庭良好的记忆氛围让孩子更放松，心情更愉悦，这样他们就不会对记忆产生不好的印象，甚至会喜欢上记忆。

2. 孩子的记忆力会有所提高

记忆游戏和比赛往往充满吸引力，孩子在进行记忆游戏和比赛时，会既紧张又兴奋，同时在好胜心理的驱使下，他们会发挥出最大的记忆潜能，记忆力也会随之提高。

家庭记忆游戏的注意事项

虽然全家人一起玩记忆游戏有助于提升孩子的记忆力，但是父母需要注意以下事项。

1. 要根据孩子的年龄阶段设计游戏

父母应尽量选择适合孩子年龄阶段和特点的游戏，避免选择过难或过易的游戏。如果游戏太难，孩子就会产生挫败感，失去兴趣；如果游戏过于简单，孩子的记忆力就无法提高。

2. 尽量照顾孩子的情绪

在游戏的过程中，父母应多表扬、鼓励孩子，让孩子体验到成就感，建立起对记忆的自信心，对于孩子表现差强人意的地方，家长可以自动忽略。

亲子时光 **一起玩记忆游戏**

一种训练记忆力的家庭游戏，全家一起来玩这个游戏吧。

游戏准备：参与者围成一圈，其中一人坐庄（称为庄家），不

直接参与比赛。

　　游戏规则：庄家首先报出一个名词，如"大象"，按顺时针方向与庄家最近的一个人报出"大象"，并增加一个名词，然后顺时针相邻的参与者背出前一位参赛者报出的所有名词，并添报一个新名词，依此类推。如果有人报错或者报出非名词类的词语，则算输掉本轮比赛，这一轮比赛即告结束。

　　庄家负责首先报出名词，并记录新报出的名词，直到发现某参赛者出错为止。新一轮比赛，由输者担任庄家。

教你一招：英文单词要这样记

其实，只要找对记忆方法，想要记住英语单词并不难。下面就介绍几种常见的记忆英语单词的方法。

（1）查找并总结出单词读音中的规则、规律。比如，night，light，might，right，fight等单词中都有字母"ight"，它们都发[ait]的读音，通过分析这些类似的单词就能很容易将它们记住。

（2）分析单词的构词法，找出其中的规律。比如，有些动词后面加上"er"就变成名词，表示做相应动作的人，如work——worker，teach——teacher，等等。还有一些单词的词根相同，如beauty，beautifull，beautifully。

（3）一些单词的用法是固定的。比如介词，就有固定的用法：小处用at，大处用in；有形用with，无形用by。

（4）使用多感官记忆法。学习英语应读、看、听、写有效结合起来。比如，当我们在超市看到"香肠"时，可以尝试着说出单词"sausage"；当我们学到"long"时，可以嘴巴里说"long, long"，同时伸开双臂，用动作表示"long"；当我们听到一个单词时，可以跟读几遍，也可以边读边写。

第五章

调动全部感官，打造大脑超级"硬盘"

许多人没有意识到，自己还有其他五种知觉可以用来想象——听觉、触觉、动作、嗅觉与味觉。时常练习用多种知觉来想象，对我们有很多好处，可以增加图像的清晰度和鲜明度。不管你的目的是什么，能运用越多的感官来引起强烈的图像，成功的机会就越大。能够运用越多种知觉来创造一个鲜丽的内在经验，你的想象就会变得越有意义，收获也就越多。

——英国 安娜·怀斯

大声朗读有助于记忆

邻居A："这是谁家的孩子？声音这么大，在干吗？"

邻居B："应该是对面的童童在读书吧。"

邻居A："这孩子怎么读这么大声？"

邻居B："童童说这样能记得牢。"

大声朗读真的能够提高记忆力吗？事实上，大声朗读对于记忆确实具有很好的效果。日本心理学家高木重郎说过："一般来说，朗读有助于记忆，尤其是在头脑不清醒的时候，更应该清楚地读出声来。"

遗迹专家的记忆故事

德国世界遗迹专家希泊来被人们称为"语言天才"，他学习语言的一个重要方法就是大声朗读。他常常在深夜的时候还在大声朗读。房东不堪其扰，于是警告希泊来，如果他再这样大声朗读，就会把他赶出去。可是，希泊来想要学习语言，根本没把这件事放在心上。有一天，房东忍无可忍，下定决心要把希泊来赶走。但是后来，房东想到希泊来为人忠厚、勤奋刻苦，就又把他留了下来。

就是在那段时间，希泊来记忆惊人，几乎每3～6个月就学会一门新语言，成为"语言上的巨人"。

大声朗读的好处

大声朗读要识记的知识，会引起大脑紧张，使人注意力集中，从而更好地记住这些内容。同时，自己发出声音并听到这些声音，两种器官同时发挥作用，也增强了对大脑的刺激效果。

有国外专家对朗读和默读的效果进行了一项测试，结果表明：默读速度快，但是记住的单词量不到总数的1/3；而朗读虽然速度不快，但是记忆效果更好，记住的单词量基本上达到总数的一半。

朗读要与背诵同时进行

仅仅只是朗读，记忆的效果不会太明显。有的孩子在朗读的过程中并没有有意识地去记忆，这就导致朗读过后记忆的知识量有限。而如果把朗读和背诵结合起来，有意识地去记忆内容，记忆效果就会大大提高。

趣味记忆练习 给你的大脑做做操

反复背诵下面的诗歌，直到能够完整记下来为止，并计下每次背诵所用的时间，将其填在下面的表格中。

假如你不够快乐

汪国真

假如你不够快乐

也不要把眉头深锁

人生本来短暂

为什么　还要栽培苦涩

打开尘封的门窗

让阳光雨露洒遍每个角落

走向生命的原野

让风儿熨平前额

博大可以稀释忧愁

深色能够覆盖浅色

背诵次数	第一次	第二次	第三次	第四次	第五次
所用时间					

让手指帮助记忆

寒寒："妈妈的手影真神奇！"

爸爸："是啊。人的双手非常神奇，在有光线照射的情况下，可以变换出各种各样的动物造型。手指还可以做操呢，有一种手指记忆体操可以帮助我们提高记忆力，要不要试试？"

寒寒："当然了！"

许多人都不知道，动动手指也能增进记忆，这就是上面寒寒爸爸口中的手指记忆体操。日本东京大学医学系的一位医生经过多年实验得出结论，手指记忆体操的确可以提高人的智力，尤其对小学生的效果更为明显。

手指操提高记忆力的原理

手指操之所以能提高人的记忆力，脑科学家给出了合理的解释。他们认为，手指在大脑皮层的感觉和运动机能中所占的比重最大，经常活动手指可以刺激大脑，以此延缓脑细胞的衰老，从而有助于提高记忆力和思维能力。

几种手指记忆体操

1. 出手指

第1步：双手握拳，手心对着自己，左手的大拇指与右手的小指一起伸出、收回。

第2步：左手的小指与右手的大拇指一起伸出、收回。

这套动作重复做8次，最好有节奏感，可以慢慢加快速度，越快越好。

2. 并手指

第1步：各手指并拢，中指和无名指分开、并拢。

第2步：食指和中指分开、并拢。

第3步：无名指和小指分开、并拢。

以上三步分别练习熟练后，可以合在一起练习。

3. 握"手枪"

第1步：将右手的大拇指和食指伸出，其他手指握紧，表示一把手枪，左手只伸出食指表示数字1。

第2步：换手，将左手的大拇指和食指伸出，其他手指握紧，表示一把手枪，右手伸出食指和中指表示数字2。

以此类推，一直做到10。并进行重复练习。

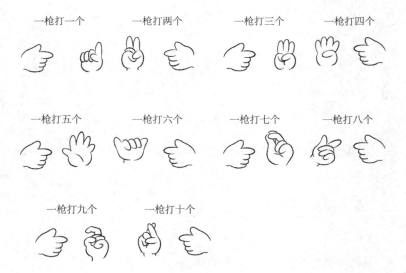

亲子时光　**一起玩记忆游戏**

动动手指，来玩阿拉伯计数法吧！

伸出一只手，大拇指代表1，食指代表2，中指代表4，无名指代表8，小指代表16。弯曲相应的手指即代表相应的数字。比如，大拇指弯曲表示1，大拇指和食指一起弯曲表示3，以此类推。刚开始可以从1数到30，熟练后可增加到100。

闭眼倾听，记得更牢

　　妈妈："妙妙，今天老师布置了什么作业？"

　　妙妙："作业？我记得有英语和数学作业，但是具体哪一页哪几道题我给忘了。"

　　妈妈："什么？你又忘了！"

　　妙妙："这也没什么嘛！您看看手机，我们老师会发到班级群里的。"

　　妈妈："真拿你没办法！"

　　一些家长会发现，孩子常常记不住老师口头布置的作业，也难以复述老师在课堂上所讲的内容。这让家长十分担忧。其实，根本原因在于孩子的听觉记忆能力较差。家长只要多给孩子进行这方面的记忆训练，孩子的这种状况就会得到改善。

什么是听觉记忆能力

所谓听觉记忆能力，指的是孩子记忆所听到的各种信息的能力，它对孩子的学习影响较大。那些听觉记忆能力差的孩子，在课堂上往往不能记住较长的内容，他们只记得只言片语，而且忘得快，无法将新旧知识联系起来进行理解记忆，这就使得他们的记忆效果和学习成绩越来越不理想。

提高听觉记忆能力的方法

1. 多对孩子进行听觉记忆训练

要想让孩子拥有良好的听觉记忆能力，家长就要经常对孩子进行这方面的训练。比如，家长可以念出一长串数字，让孩子不分先后顺序写下来，反复练习，直到孩子全部写下来为止。

2. 锻炼孩子的听、说结合能力

听与说相结合涉及孩子多方面的能力，包括对词汇的联想、推理、分析和判断能力。家长可以让孩子说出一些词汇的同义词、近义词，让孩子听完故事后自编故事的结局，等等。

趣味记忆练习 给你的大脑做做操

家长读下面的两段话，然后让孩子说说这两段话有哪些不一样的地方。

（1）树上有一个鸟窝，鸟窝里有一只小鸟，它正伸着脖子等待鸟爸爸和鸟妈妈来喂食。不一会儿，鸟爸爸和鸟妈妈飞回来了，鸟妈妈的嘴里叼着几只小虫子。小鸟看到爸爸妈妈回来了，叽叽喳喳地叫着。

（2）树上有一个鸟窝，鸟窝里有一只小鸟和几只还没有孵化的鸟蛋，那只小鸟正伸着脖子等待鸟爸爸和鸟妈妈来喂食。不一会儿，鸟爸爸和鸟妈妈飞回来了，鸟妈妈的嘴里叼着几只小虫子，鸟爸爸的嘴里衔着几根茅草，鸟爸爸想把它们的小窝布置得更加柔软。小鸟看到爸爸妈妈回来了，叽叽喳喳地叫着。

实践记忆，让孩子记得既快又准

雯雯："妈妈，这是什么水果？摸起来还挺扎手的。"

妈妈："是榴梿啊！"

雯雯："榴梿？没吃过。"

妈妈："来尝尝味道吧。"

雯雯："哇，没想到闻起来臭，吃起来很香甜呢！妈妈，我以后还要吃榴梿！"

相信雯雯经过上面的看、摸、尝等亲身实践，会对榴梿产生难以磨灭的印象。

南宋爱国诗人陆游在教子读书时说："纸上得来终觉浅，绝知此事要躬行。"这就是说，书本上学来的知识毕竟比较浅显，要想透彻、深刻地理解这些知识，就需要亲自实践。

卢梭的成才之路

卢梭是18世纪法国伟大的启蒙思想家、哲学家、教育家、文学家，让人无法想象的是，他的这些头衔居然是靠自学得来的。

他在自学的过程中有一个好的习惯，那就是他常常把学到的知识付诸实践。比如，当他学习音乐时，他会自己创作乐谱；当他学习数学时，他会亲自去丈量土地；当他学习药物学的知识时，他会亲自采药、制药……他还喜欢外出旅游，在旅游中欣赏绮丽的自然风光，了解各地的风土人情，从而使自己从书本上学到的地理知识得到验证。

卢梭之所以如此博学，在多个领域都有所成就，与他学以致用、深入实践的良好习惯是分不开的。看似枯燥的知识，被他融入生活当中，学习的过程也变得生动有趣。父母如果能够引导孩子形成这种习惯，相信孩子的学习热情会大大增加，记忆效果也会显著增强。

多器官参与，记忆的保持率更高

有实验显示，如果只靠听，两天后，记忆的保持率仅仅为20%；如果只靠看，记忆的保持率为30%；边看边听，记忆的保持

率为50%；而边听边看边写边说边做，记忆的保持率最高，可达70%以上。

孩子正处于精力充沛的探索时期，多器官参与的学习方式更能调动孩子的积极性，提高其注意力，让孩子在快乐的探索中轻松记忆。

实践可使记忆更深刻

有心理学研究证实：在学习知识的过程中，多次实践并加以运用，可以增强记忆的准确性和持久性。从生理学方面讲，如果我们频繁运用学习过的知识，大脑皮层上就会留下越来越深刻的记忆痕迹，这些知识也就不容易被遗忘。

这些理论告诉我们，仅靠机械的记忆，不仅记得不深、容易遗忘，而且记忆也会失去意义。

因此，家长在生活中，应该多给孩子制造实践的机会，让孩子将学习的知识用于实践，以加深记忆。

亲子时光　一起玩记忆游戏

拆卸组合玩具。游戏步骤如下：

（1）找一些容易拆装的玩具，让孩子自己动手将玩具一点点拆开。家长可在一旁指导，以防孩子用力过大，将玩具弄坏。

（2）家长将所有零件收集到一起，教孩子认识各种零件及它们之间的相互关系。例如，如果拆分的是小汽车，可以教孩子认识车轮、车门、车盖等。

（3）让孩子将玩具重新组合在一起，看看他记不记得如何组装。

颜色，给记忆以视觉冲击

元元："哇，琳琳，你写的笔记怎么这么好看？花花绿绿的好多种颜色啊！"

琳琳："嗯，我喜欢把老师讲的重点用彩笔写出来，这样更醒目，也更好记。"

元元："怪不得你学习这么好，原来是有诀窍啊！"

虽然琳琳做笔记有诀窍，但她优秀的成绩与她的不断学习、记忆是分不开的。不过，琳琳记笔记的方式确实有其可取之处。颜色往往会给人留下深刻的印象，家长在指导孩子学习的过程中，可以尝试着帮助孩子利用颜色实现快速记忆、持久记忆。

颜色记忆法的科学原理

从科学的角度来说，色彩是我们通过眼、脑相互配合，并结合生活经验所产生的一种对光的视觉效应。它对人的视觉会产生比较大的冲击力，从而刺激大脑进行记忆。颜色单调的事物，对视神经的刺激较弱，不容易给人留下深刻的印象；而采用鲜艳的颜色对要识记的文字进行标注，往往可使那些文字变得抢眼，它们会成为视线的焦点，从而给视神经以强烈的刺激，进而在大脑中留下深刻的印象，这就达到了增强记忆力的效果。

颜色记忆法的应用

第一步：教孩子有选择地标注颜色

借助颜色，是为了更好地记忆，不能为了好看而想在什么地方涂色就在什么地方涂色。家长应指导孩子去标注那些需要重点记忆的知识。

第二步：让孩子通过标注展开联想

用颜色将重点内容标注出来后，不同的颜色就代表不同的记忆对象，孩子通过不同的颜色能够很快进行联想，记住相关内容。

家长在帮助孩子运用颜色记忆法的时候，要告诉孩子，标注颜色要适当，不要标注太多颜色，一篇文章有一两种突出的颜色就可

以了。这是因为，如果在同一内容上标注太多颜色，往往会使人眼花缭乱，这样不仅不能帮助记忆，还可能适得其反，让孩子感觉更难记忆。

趣味记忆练习　给你的大脑做做操

家长穿上一些颜色各异的衣服，最好颜色鲜艳、搭配夸张一些。比如，可以穿黄色的上衣、紫色的裤子、绿色的鞋子、黑色的袜子、搭配红色的围巾、白色的帽子，也可以同一件衣服有多种颜色、不同的图案。让孩子看一下，然后换上其他颜色的衣服，让孩子说出刚才家长穿戴的衣服鞋袜是什么颜色的。反复进行，锻炼孩子对颜色的记忆能力。

记忆趣闻：记忆史上的那些人、那些事

迄今为止，记忆史上出现了无数记忆大师和一些记忆奇迹。

20世纪20年代，亚历山大·艾特肯创造了一个记忆神话：他记住了圆周率小数点后面1000位数字。然而这一纪录在1981年被另一位记忆天才——一位印度人打破，这个印度人能记住小数点后面31811位数字。而这一纪录后来也被打破，出现了另一位记忆大师，他是一个日本人，这位记忆大师能记住小数点后面42905位数字。

2007年，在中东巴林举办的世界记忆锦标赛中，一名中国队选手吴天胜拿到了"世界记忆大师"的称号。令人震惊的是，他还是一名在校大学生。这项荣誉使他成为全球唯一一名拿到"世界记忆大师"奖的在校学生，而且这也是中国人在世界记忆锦标赛上的第

一块金牌。

这样的奇迹不断出现，纪录不断被刷新。你也许会说，有天赋的成分在，无法习得。没错，但是我们可以向这些记忆大师学习，用他们的记忆方法和技巧来改进和提升孩子的记忆力，最大限度地发挥孩子大脑的作用。

第六章

选对记忆方法，孩子记忆事半功倍

这世上没有所谓记性差的人，大家都有很好的记忆力，只是没有发挥出来而已。那些自己认为记忆力差的人，只要学习了记忆术的诀窍，就能拥有高超的记忆力。

——美国记忆术专家 威廉哈姆·韩森

谐音记忆法：枯燥变有趣

妈妈："奇奇，你英语课本上怎么有一个'亲你死'？你小小年纪就说什么'亲亲亲'的？像话吗？"

奇奇："咳，那是为了记单词'Chinese'写的中文批注，您没发现这样好记吗？"

妈妈："对不起，是妈妈误会你了。"

在孩子学习的过程中，许多需要识记的材料难以记住，比如一些地理知识、统计数字等，它们之间没有什么联系，如果利用谐音，赋予它们特殊的或者新颖的含义，常常能很快记住。

谐音的运用

中国的汉字中有很多字发音相同，还有一些字发音相似，这就是谐音。借助这种谐音关系，赋予要记忆对象以特殊或者新颖的意义，常常能够起到一语双关的作用，令人喜闻乐见而又经久难忘。

利用谐音表达一语双关的效果是我国历代民歌的习惯表现方式，通过这种方式，生动而又含蓄地表达了微妙的感情。除此之外，谐音在帮助人们记忆方面起着非常重要的作用，它可以将无意义的记忆材料转变成有意义的材料，从而便于记忆。

比如，要记忆"四书"（《孟子》《论语》《大学》《中庸》）、"五经"（《诗》《礼》《春秋》《易》《书》），可以用串联记忆法这样记忆：四叔（书）猛（《孟子》）抢（《论语》）大（《大学》）钟（《中庸》），武警（五经）诗（《诗》）里（《礼》）存（《春秋》）遗（《易》）书（《书》）。

谐音记忆法的优点

谐音记忆法可以使一些记起来枯燥无聊的记忆材料变得生动有趣，从而提高孩子的记忆乐趣。许多记忆材料之间没有什么关联，运用谐音可以把它们联系起来，这样记忆的效率和质量都会有很大的提高。

应用谐音记忆法的注意事项

谐音记忆法记起来虽然简单易记，但是家长在帮助孩子运用这种记忆法的时候需要注意一些问题。

1. 谐音记忆法有一定的适用范围

家长在帮助孩子运用谐音记忆法的时候，要注意该记忆方法通常适用于那些生涩难记或是枯燥的内容，一般是简短、零散、无意义和没有联系的记忆材料，尤其适合用来记忆数字材料，而不能将其用于所有需要记忆的内容。

2. 谐音一定要准确

家长要告诉孩子，谐音一定要准确，否则会弄巧成拙，到时候回忆不出内容或者回忆得不确切，就得不偿失了。

3. 最好不要用于记英语单词

最好不要让孩子用谐音记忆方法来记英语单词，因为这样做很容易造成发音不准。

亲子时光　一起玩记忆游戏

先让孩子记忆表1中的数字和谐音文字，1分钟后让其将表2填写完整。

表1

01	03	04	05	10	23	37	50	57
灵药	零散	零食	领舞	衣领	耳塞	山鸡	武林	武器

表2

01	03		05		23	37		57
		零食		衣领	耳塞		武林	武器

歌诀记忆法：朗朗上口更好记

妈妈："夏至过去了，接下来是什么节气啊？"

爸爸："是大暑，还是小暑？我也不记得了。"

小美："当然是小暑了。"

爸爸："你是怎么知道的？"

小美："因为我会背二十四节气歌啊！'春雨惊春清谷天，夏满芒夏暑相连，秋处露秋寒霜降，冬雪雪冬小大寒'。"

相信很多家长对小时候学会的歌谣至今还记忆犹新，孩子也是一样，他们会对有节奏感的歌曲、歌谣、顺口溜等表现出较好的记忆力。因此，歌诀记忆法是一种很好的帮助孩子记忆的方法。

歌诀记忆法

歌诀记忆法是一种将识记材料编成有节奏的歌诀（歌词、诗词、顺口溜）以提高记忆效果的记忆方法。这种方法的优势是趣味性比较强，能让孩子放松记忆，而且朗朗上口，便于记忆。

这种记忆方法适用于记忆大量的、杂乱无章的材料。将这些材料集合起来，使它们相互关联起来，既利于识记，又利于再现。比如，本节开头对话中的二十四节气、26个英文字母等，将它们编成歌诀来记忆，孩子记起来就容易多了。

编歌诀的方法

1. 特征提取法

此法是从相似的识记对象中找出它们各自的特征，编成歌诀，帮助记忆。比如，很多小学生会把"买、卖"这两个字弄混，这时就可以运用特征提取法编成口诀："少了就买，多了就卖。"

2. 形象联想法

这种方法是对所要识记的材料进行联想，并将联想的事物与原来的形象进行对比，编成歌诀。例如，汉语拼音字母"n、m、f、t、h、k、l"可以编成如下歌诀："一门n，二门m，拐棍f，伞把t，椅子h，碰壁k，小棍赶猪嘞嘞嘞。"

3. 合辙押韵法

这种方法也就是我们常说的"顺口溜"，即将识记对象编成节奏感比较强、有韵律的歌诀来帮助孩子记忆，比如前面所说的"二十四节气歌"。

趣味记忆练习　给你的大脑做做操

让孩子反复记忆下面的《标点符号记忆歌》，明确不同标点符号的特点和用法。

标点符号歌

一句话说完，写上小圆圈；（。句号）

句中有停顿，小圆点带尖；（，逗号）

并列语句间，点个瓜子点；（、顿号）

并列分句间，逗号顶圆点；（；分号）

引用原话前，上下两圆点；（：冒号）

疑惑或发问，耳朵坠耳环；（？问号）

命令或感叹，滴水下屋檐；（！感叹号）

引用特殊词，蝌蚪上下窜；（""引号）

文中要解释，月牙分两边；（（）括号）

转折或注解，直线写后边；（——破折号）

意思说不完，六点紧相连；（……省略号）

强调词语句，字下加圆点；（．着重号）

书名要标明，四个硬角弯。（《》书名号）

故事记忆法：让记忆更形象

老师："高尔基的作品有哪些？"

元芳："有《童年》《在人间》《我的大学》《母亲》《海燕》等。"

同桌："哇！你是怎么记住这些的？"

元芳："我是这样记的，高尔基的《童年》是《在人间》《我的大学》度过的，每天他的《母亲》都带他去看《海燕》。"

每个孩子都喜欢听故事，他们对自己感兴趣的故事往往记忆深刻。尤其是那些有吸引力的故事情节，往往能吸引孩子的注意力，让孩子在不知不觉中牢记在心。如果能将孩子识记的知识融入故事中，将会使孩子更乐意去记，也更容易记住。

故事记忆法的优劣

故事记忆法的最大优势就是能将枯燥的记忆材料编成生动有趣的故事，等孩子编完了故事，他就记住了大部分识记材料。而且由于故事的完整性，又可以保证记忆材料的完整性，从而防止孩子漏记。

不过，这种记忆方法也有一定的局限性，它常常被用来记忆一些独立、松散和枯燥的知识，比如一些明确的事物——名称、人物、时间、地点等。

如何运用故事记忆法

要让孩子学会运用故事记忆法，家长首先要让孩子学会将需要记忆的知识编入故事中。为此，家长可以帮助孩子练习编故事，如家长写出几个词语，让孩子运用这几个词语编出一个故事。

家长需要注意的是，有时候孩子编的故事可能比较夸张、荒诞，只要对孩子记忆知识有益，家长就不要阻止孩子继续编下去。事实上，故事越夸张、越荒诞离奇、越出人意料，孩子的印象就越深刻，也就记得更牢。

亲子时光 一起玩记忆游戏

用故事记忆法记忆下列几组数字和词语。

第一组：牛奶、孩子、通道、花园、上学

第二组：8、宇宙、讨论、包容、乌龟、问题

第三组：神奇、治疗、家喻户晓、寿司、丛林、兄弟、婚礼

第四组：天空、蔚蓝、蝴蝶、洞穴、秘密、声东击西、精彩绝

伦、鼯鼠、再见、害怕

分类记忆法：让记忆更简单

　　妈妈："素素，今天咱们要买好多东西，有香皂、牙刷、香蕉、筷子、卫生纸、拖鞋、面包、铅笔、练习本、酸奶。"

　　素素："我来帮您记，有香蕉、面包、酸奶，还有什么来着？"

　　妈妈："你这个小贪吃鬼，就记得吃的。不过用你这种分类法倒是好记。"

　　我们想要在一个杂乱无章的仓库里找一个小小的物件时，常常会无从下手。同样的道理，当我们记忆的仓库杂乱无章时，想要提取有效的信息也会非常困难。因此，家长要让孩子学会将需要记忆的知识进行分类，使记忆的仓库井井有条，需要什么信手拈来，这样会大大提高孩子的记忆效率。

分类是理解的过程

分类对于孩子记忆一些杂乱无章的内容非常有用。有的家长可能认为分类会占用孩子太多的时间，的确，分类需要占用一些时间，但是，相对于一个一个记忆杂乱无章的识记材料所花费的时间来说，分类所花费的时间是极少的。实际上，分类的过程是一个理解的过程，孩子一边分类，一边在理解中记忆，这其实是在无形中提高了孩子的记忆效率。

分类记忆法的运用

分类记忆可以使记忆更有条理，更便于记忆，那么，孩子应该如何运用分类记忆法呢？

1. 让孩子选择最佳分类标准

让孩子学会分类，就是为了好记。因此，家长在平时应多教孩子一些分类标准，让他从中选出最佳分类标准进行分类记忆。比如，对于一个物件，可以按照其大小、颜色、功能、构造、性质等进行分类。再比如，在学习英语单词的时候，可以将近义词、反义词放在一起记忆，也可以通过已经熟悉的单词熟记不熟悉的单词。

2. 让孩子确定分类的最佳类别和个数

在分类过程中，如何确定类别和个数，是一门学问。科学研究表明，每一类别有5~9个是最合适的。同时，每个类别中的个数不要相差太多，最好适度平均。

趣味记忆练习 给你的大脑做做操

以下内容，可以用分类记忆法来进行快速记忆。那么，你能将它们归为几大类呢？你归类的依据是什么？

爷爷　香蕉　玫瑰花　大海　小溪　玉兰花　苹果　妈妈　江河

猕猴桃　桃花　西瓜　尺子　舅舅　石榴　瀑布　葡萄　铅笔

笔记本　妹妹　美人蕉　橡皮　作文本　毛笔　哥哥　荷花

规律记忆法：一目了然记忆快

老师："1+2+3+……+100=？"

高斯（数学家，10岁时）："老师，等于5050。"

老师（十分惊讶）："你是怎么算出来的？"

高斯："1+100=101，2+99=101，3+98=101……一共有50个101，结果就等于5050。"

数学家高斯从小就充满智慧，他发现了规律，将别人用1个小时才能算出来的数学难题用1分钟就算出来了。可见，找规律在数学计算中的重要性。同样的道理，如果在记忆过程中找出识记材料的规律，也可以让记忆效果加倍。

什么是规律记忆法

所谓规律记忆法，就是从需要记忆的内容中总结出事物之间的联系和规律，从而增强记忆效果的一种记忆方法。一些记忆材料是整齐而有规律的，有的是相同或相似的，我们要引导孩子找出其中的规律，以便能快速记忆，并加深记忆。

宝贝，来玩个游戏吧，在5分钟内看你能说出几个左形右声的汉字。

"访""材""镜""熔"……

如何找出记忆材料之间的规律

在孩子记忆知识时，家长可以引导孩子找出其中的规律。对于抽象的事物，如果换一个角度去观察和思考，往往能发现它们之间有一些共通之处，这就是它们的规律。许多学科都有一定的规律，比如数学、物理、化学公式、英语句型，都有某种规律，一旦记住并灵活掌握，将大大提高孩子的学习效率。再比如，学习汉字时，可以按照汉字的结构来记忆，将具有相同结构的汉字放在一起记忆，会好记得多。

举一个具体的例子，比如要记忆3、10、8、12、1、7、5这几个数字，如果按照次序来记忆它们，肯定很吃力。但如果按照从小到大的顺序排列，则变成1、3、5、7、8、10、12，这就显得有规律而易记忆了。还有一种更便捷的记忆方法，那就是将这几个数字按照日历中月份的先后顺序进行排列。这么一来，记忆起来就更简单了。

亲子时光　一起玩记忆游戏

请用规律记忆法在1分钟内记住下列一组数字。

14、39、32、76、59、24、62、86、92、49、34、96

理解记忆法：记忆有章法

　　妈妈："南南，吃饭不要着急，狼吞虎咽对身体不好。"

　　南南："什么是'狼吞虎咽'啊？"

　　妈妈："形容吃东西又猛又急的样子。"

　　南南："哦，我知道了。妈妈，您也不能狼吞虎咽哦。"

　　南南理解了成语的意思之后，不仅记住了这个成语，还会现学现用，这就是理解后记忆的魅力。捷克著名教育家夸美纽斯说过这样一句话："学生首先应当学会理解事物，然后再去记忆他们。"因此，可以说，理解是记忆的前提和基础，而理解记忆法则是最基本、最有效的记忆方法。

哪个更好记

材料一：

泰国首都曼谷的中文全称为"黄台甫马哈那坤弃他哇劳狄希阿由他亚马哈底陆浦欧叻辣塔尼布黎隆乌冬帕拉查尼卫马哈洒坦"。

材料二：

（一）

两个黄鹂鸣翠柳，一行白鹭上青天。

窗含西岭千秋雪，门泊东吴万里船。

（二）

白日依山尽，黄河入海流。

欲穷千里目，更上一层楼。

两个材料相比，虽然材料一字数比较少，但是记忆的难度远远超过材料二，原因就在于材料二中的两首诗形象易懂。

理解是牢记的前提

在生活中，我们经常会发现，两三岁的孩童能够将一些古诗、歌曲流利地背下来，即使他们还不能理解这些古诗、歌曲所表达的含义。也许你会说，不理解照样能记忆好多东西，但是当孩子三四岁的时候，你再让他背那些古诗、歌曲，可能孩子就无法完整地背下来，或者忘得一干二净了。如果让孩子一边理解一边记忆，孩子心中就会留下深刻的印象，就会牢牢记住。

锄禾日当午，
汗滴禾下土……

两种理解记忆法

家长可以帮助孩子尝试以下两种理解记忆法。

1. 还原记忆法

这种记忆法就是弄清所要掌握知识的背景、出处或者发展过程，从而帮助孩子全面理解并牢记这些知识的方法。比如，要记忆成语"守株待兔"，就要先了解这个成语的出处，即这个成语的典故。

2. 置身其中法

人们常常对自己经历过的事情记得很清、很牢，但是孩子们没有时间和精力对自己所学的所有知识都尝试一遍。有时候，通过想象，将自己置身其中，也能达到让自己深刻体验和记忆的目的。

趣味记忆练习 给你的大脑做做操

用理解记忆法记忆下面这首汉乐府民歌。

江南

江南可采莲，

莲叶何田田，

鱼戏莲叶间。

鱼戏莲叶东，

鱼戏莲叶西，

鱼戏莲叶南，

鱼戏莲叶北。

提纲记忆法：有助于快速记忆

　　丹丹："爸爸，这篇课文太难背了，我总是记住前面的，却忘记了后面的，有时背到一半怎么也想不起来后面的内容了。"

　　爸爸："你试试列出提纲，这样背起来会容易一些。"

　　丹丹："这是个好办法，我怎么没想到呢？"

　　丹丹爸爸所说的列提纲的方法其实就是我们现在要说的提纲记忆法。提纲记忆法，简单来说，就是采用列提纲的方法将记忆材料"串"起来，然后将提纲作为记忆线索的一种记忆方法。对于孩子来说，记忆篇幅较长的内容往往比较吃力，家长可以让孩子尝试用这种方法记忆。

古今中外学者与提纲记忆法

古今中外许多学者都喜欢运用提纲记忆法来帮助自己记忆。

案例一：

我国唐宋八大家之一的韩愈其实是自学成才的，他从小苦读诗书，不停地吟诵儒家的经典文章，还不停地在各种书上批出学习心得。在此过程中，他非常重视列提纲。

案例二：

伟大的思想家马克思也是一个重视列阅读提纲的人，他认为列提纲能够帮助自己通晓并识记材料。他甚至不惜花费大量的时间为自己的个人藏书做提要，对书中的精华了然于胸。

编写提纲的方法及运用时的注意事项

提纲记忆法是一种有效的记忆知识的方法，家长可帮助孩子掌握此法的要领，并让其明白运用此法的注意事项。

1. 列提纲的方法

家长要教给孩子列提纲的方法。首先要分析所要记忆的全部信息，从头到尾理解各个部分的内容，将各个部分综合起来，掌握这些信息的整体概况和主要脉络，然后对其进行比较并提炼，最后用简洁的、便于自己记忆的文字以提纲目录的形式列出来。

2. 运用提纲记忆法的注意事项

在运用提纲记忆法时，家长要让孩子稍加注意：其一是这种记忆法的主要适用对象是那些较长的记忆材料；其二是列提纲虽然简明扼要，能够帮助记忆，但是也要经常复习，重复记忆，这样才能记得更长久。

亲子时光　一起玩记忆游戏

回忆自己最熟悉的朋友，然后回答下面的问题，回答完毕后再进行核对，看看记忆与事实是否相符。

这个人是什么脸型？

这个人的头发是什么颜色？什么发型？

这个人是粗眉毛还是细眉毛？

这个人的眼睛有什么特征？

这个人的鼻子有什么特征？

这个人的嘴巴有什么特征？

这个人的身高如何？

这个人说话有什么特点？

这个人有什么喜好？

你和这个人第一次见面是在什么时候？

字头记忆法：先记字头再回忆整体

爸爸："莎莎，我考考你，你知道'东盟十国'是哪十个国家吗？"

莎莎："这可难不倒我，有老挝、马来西亚、新加坡、菲律宾、越南、泰国、柬埔寨、印度、文莱、缅甸。好记得很，'老马新菲越（飞跃），泰柬（太监）印文缅'嘛！"

爸爸："莎莎真聪明！"

莎莎的这种记忆法既有趣又好记，她其实用的就是字头记忆法。这种方法能够将复杂的知识材料加以提炼、压缩，从而便于孩子记忆。孩子只要记住字头，通过联想就能记住所有需要记忆的内容。当孩子遇到记忆障碍时，家长不妨引导孩子采用这种方法记忆。

字头记忆法

当孩子在记忆一些抽象的词、词组、短语等内容时，可以引导孩子将各条中的一个最有特点而又与整体有关联的字列出来（这个字可以是各条中的第一个字，也可以是其中的重点字），先将内容默记几遍，待熟悉以后，再通过记这些字头，来记忆所有需要记忆的内容。

字头记忆法最大的特点就是，将需要记忆的信息加以压缩、整理，这样更便于记忆。

字头记忆法的运用策略

在使用字头记忆法时，关键是要把记忆材料中的关键字提取出来，经过编排组成好记、有意义的句子。当然，可以采用多种方法使句子有实际的意义。比如，可以采用谐音及字头记忆法来记忆中国四大石窟——云冈石窟、龙门石窟、麦积山石窟和敦煌莫高窟，可以提取四个石窟的首字"云、龙、麦、莫"，记作"云龙卖馍"，把"麦、莫"谐音成"卖馍"，从而加强记忆效果。

趣味记忆练习 **给你的大脑做做操**

用字头记忆法记忆我国五个自治区：

内蒙古自治区

新疆维吾尔自治区

广西壮族自治区

宁夏回族自治区

西藏自治区

画图记忆法：让记忆更清晰

　　小胖："马丁，你怎么不背课文啊？这画的是什么啊？"

　　马丁："我画的是燕子，能帮助我背《燕子》这篇课文。"

　　小胖："嗯，画得还挺像，一身乌黑光亮的羽毛，一对俊俏轻快的翅膀……你这画还真有效，我都快会背了。"

　　在生活中，我们很容易发现，几乎每一个孩子都喜欢看漫画和动画片。这是因为这些图画更直观、更形象、更生动，也更容易深深地留在孩子的记忆中。孩子并没有成人那样的理性思维，他们在记忆时更多依赖感性画面。因此，可以运用画图记忆法来帮助孩子记忆。

画图记忆法

画图记忆法就是一种将记忆材料视觉形象化，以视觉形象辅助记忆的方法。这种记忆方法的优势在于直观具体、活泼形象，可以使记忆材料在孩子的头脑中得到生动的描绘，从而加深印象，增强记忆效果。

画图的技巧

具体画什么样的图，还要根据所记忆的材料来画。在孩子琢磨用什么图画来代表需要记忆的材料时，记忆会变得更加牢固。

1. 形象的记忆材料

具体画什么样的图，还要根据所记忆的材料来画。比如，描绘景物的就画景色；表示时间的，可以画一个日历；表现心情的，可以画一个表情。画图的时候，可以适当夸张，这样更有利于记忆。对于内容比较多的，可以用不同颜色的笔来画，这样更直观，让孩子记忆更深刻。

2. 抽象的记忆材料

对于一些复杂的难以记忆的识记材料，孩子很难用形象的图画来描述，此时我们可以引导孩子画其他形式的图，如框架图、表格、概念图、流程图、插图、绘画等。在记忆一些数学公式时，就可以画这些图来帮助记忆。比如，在记忆公式"距离=速度×时间，速度=距离÷时间，时间=距离÷速度"时，整理出三者的关系图，这样就方便记忆了。

亲子时光　一起玩记忆游戏

让孩子画一张中国地图（画出大致轮廓即可），并在地图上标出这几个地方：上海、北京、广州、深圳、昆明、拉萨、西安、重庆、哈尔滨。标完以后，让孩子与真实的地图进行对照，看看有哪些地方标错了，然后拿开地图凭借记忆再画一张。错误越多，越需要重复做这个练习。

联想记忆法：加深记忆

　　小荷："天对地，雨对风。大陆对长空……"

　　奶奶："小荷，你背的什么啊？还挺好听呢。"

　　小荷："我背的是《笠翁对韵》，可好玩了。它能让我从一件
事物联想到另一件事物，比如，从天想到地，从雨想到风。"

　　奶奶："小荷真聪明！"

　　美国著名记忆大师哈利·罗莱茵说过这样一句话："记忆的基
本法则就是把新的信息和已知的事物联系起来。"联想记忆法就是
一种通过联想帮助记忆的方法，家长可以引导孩子在学习中将知识
与生活中的事物联系起来进行记忆，从而达到事半功倍的效果。

联想让记忆更深刻

从心理学的角度来说，联想就是大脑在接受某一刺激时，浮现出与该刺激有关的事物的形象的心理过程。联想记忆法能够使人们对记忆的东西更深刻，甚至达到过目不忘的效果。

四种联想法

1. 时间联想法

时间联想就是从时间上展开联想，包括横向联想和纵向联想两种。例如，某一天世界各地发生了哪些事件，这属于时间横向联想；追溯历史，展望未来，则属于时间纵向联想。

2. 空间联想法

空间联想主要针对位置接近或相对的两种事物。比如，由"太阳"想到"月亮"，由"南"想到"北"，由"上"想到"下"，等等。

3. 相似联想法

由相似的事物产生联想，如看见中国的地图，会想到"公鸡"；看到意大利的地图，会想到"靴子"。

4. 对比联想法

相对的事物也容易引发联想。例如，在学习语文和英语时，家长可以让孩子试着用对比联想法来记忆其中的反义词。

趣味记忆练习 给你的大脑做做操

请运用联想记忆法背诵老舍的文章《猫》中的两段话。

过了满月的小猫们真是可爱，腿脚还不甚稳，可是已经学会淘气。妈妈的尾巴，一根鸡毛，都是它们的好玩具，耍上没结没完。一玩起来，它们不知要摔多少跟头，但是跌倒即马上起来，再跑再跌。它们的头撞在门上，桌腿上，和彼此的头上。撞疼了也不哭。

它们的胆子越来越大，逐渐开辟新的游戏场所。它们到院子里来了。院中的花草可遭了殃。它们在花盆里摔跤，抱着花枝打秋千，所过之处，枝折花落。你不肯责打它们，它们是那么生气勃勃，天真可爱呀。可是，你也爱花。这个矛盾就不易处理。

记忆卡片：可随时记忆

小强："朋朋，你拿这些空白卡片做什么呢？"

朋朋："我要把今天学过的英语单词写在上面，这样我就可以随时拿出来记忆。而且，我还可以拿这些记忆卡片和妈妈做游戏。"

小强："这个办法好，我也要制作一些记忆卡片。"

顾名思义，卡片记忆法就是把需要记忆的内容记录在一张卡片上，利用卡片来帮助记忆的方法。事实上，许多知识渊博的人都有用卡片帮助记忆的习惯。比如，法国著名的科幻小说家儒勒·凡尔纳离世后，人们发现他亲手摘录的卡片有25000张之多。

卡片记忆法之"妙"

妙处一：孩子在运用此方法时，将学习、记忆的内容记录在卡片上，这一过程本身就是对知识重新认识和理解的过程，同时也是对这些资料进行整理和归类的过程，这就有助于孩子进行识记和回忆。

妙处二：卡片比书本携带方便，可以根据需要很快地找到相关内容，便于进行复习。

妙处三：可以利用卡片来玩游戏和进行比赛。比如，全家人一起玩一个卡片游戏，把卡片背面朝上放在桌子上，每人各选出1张。如果说对卡片上的内容，记1分；如果说错，扣1分。当然，要选一个裁判进行评分。

杰克·伦敦的"纸条记忆法"

杰克·伦敦是美国著名的作家，他是靠着小纸条记忆而成为作家的。他的家里简直就是小纸条的天堂，贴满了大小不一、长短不等、色彩各异的纸条，纸条上写满了各种知识。

他的日常记忆是这样的：当他晚上上床睡觉时，他会默念贴在床头上的纸条；早上起床时，他会一边穿衣服一遍默念衣柜上的纸条；进门看正面门板上的纸条，出门看背面门板上的纸条；出了家门，他还要一边走，一边掏出口袋里的小纸条来记忆……

运用卡片记忆法的注意事项

家长要告诉孩子，并不是所有的记忆材料都能用卡片来记忆，卡片只适用于记忆一些内容较少、比较零散的记忆材料，而对于那些内容较多而且系统性和连贯性很强的记忆材料，最好不要采用这种记忆法。此外，家长还要让孩子坚持每天记忆卡片上的内容，不能三天打鱼，两天晒网，只有长期坚持，记忆才有效果。

亲子时光 一起玩记忆游戏

家长先让孩子看一些著名景观的图片，并逐个向孩子介绍各个景观的情况。待孩子看完所有图片后，家长可以随便指着一张图片，让孩子说出这个景观的相关情况，看看他记住了多少。

教你一招：轻松牢记数学知识

提起数学，很多孩子都会觉得枯燥无味，尤其是那些数学公式更是难以记忆。下面就介绍几种常见的记忆数学公式的方法。

1. 图形结合记忆法

对于一些平面几何的公式，可以结合相应的图形来记忆。比如，我们在记长方形的周长公式的时候，不妨画出长方形，这样就可以直观地知道将其四个边的长度相加起来就能得出长方形的周长。

2. 歌诀记忆法

就是把要记忆的数学知识编成歌谣、口诀或顺口溜，从而便于记忆。比如，关于大于号、小于号记忆的口诀：大于号，小于号，开口朝着大数笑。

3. 列表记忆法

就是把一些容易混淆的识记材料列成表格，这种方法更直观、更明显，更具有对比性。

4. 重点记忆法

要让孩子学会记忆重点内容，再通过推导、联想等方法记住其他内容。比如，下面这三个公式：

$$工作效率 \times 工作时间 = 工作量$$

$$工作量 \div 工作效率 = 工作时间$$

$$工作量 \div 工作时间 = 工作效率$$

记住了第一个公式，后面的两个公式就可以根据乘法和除法的关系推导出来了。

— · 第七章 · —

培养记忆好习惯，学习轻松成绩好

假如你仅仅通过词语来记住事实和想法，那么你只用了你一半的脑力。当同一事实或想法不仅通过词语来记住，同时还通过图像或草图来记住，那样就在你的记忆中建立起了一个强有力的联合体。当你需要回忆这个事实和想法时，就可以从这一联合体中提取。

——加拿大心理学家　阿伦·佩维奥博士

积极训练左右脑

聪聪爸爸："我家聪聪这几天总说自己记忆力下降了，有没有什么办法可以帮助孩子提高记忆力呢？"

老教授："或许你们可以试着对孩子进行左右脑协调记忆训练，用来帮助孩子提高记忆力。"

聪聪爸爸："左右脑协调记忆训练是什么？"

我们都知道，左右脑有不同的分工。对于记忆来说，左脑的记忆为死记硬背，很容易遗忘，右脑负责记忆和创新，是创造力的来源。只有左右脑协调，才能让孩子的记忆力得到最大限度的开发。

通过数数、背字母找准弱势脑

下面这个练习不但能帮助家长找准孩子的弱势脑，对孩子进行相应脑半球的开发，而且能协调左右脑，改善两个脑半球之间的交流状况。

练习过程：先让孩子闭上眼睛，再放松、深深地吸气，然后抬头向左想字母A，向右想数字1，依此顺序进行下去……直到字母Z和数字26。然后再反方向重复这个过程，即向左想数字1，向右想字母A。

家长可以让孩子念出声，熟练后还可以倒着背。如果孩子在说出某一边的数字或字母时稍微有些延迟，则说明相对应的那一边的大脑是孩子的弱势脑，需要有针对性地多加练习。

左右脑协调记忆训练

做以下训练，可以使孩子的左右脑得到很好的协调训练，从而提升记忆力。

1. 练习乐器

不管是弹奏乐器、吹奏乐器，还是打击乐器，都需要孩子左右手高度协调，还可以让孩子活动手指，这都能使左右脑得到很好的协调锻炼。

2. 打字练习

家长还可以让孩子练习打字，在打字的过程中，孩子的左右手高度协调，手指尖不断地与键盘接触。由于人体每一块肌肉在大脑皮层中都对应着一个"代表区"，即神经中枢，而手指运动的神经中枢在大脑皮层中分布最为广泛，因此打字练习也能锻炼左右脑的协调性。

3. 多做左右手交替的游戏

让孩子做一些左右手交替的游戏，如伸屈手指、闭上眼扣扣子、写字绘画、摆弄智力玩具、拍球投篮、做手指操等手指动作，可以锻炼孩子手部的神经反射，从而促进孩子的大脑发育，并能间接促进孩子记忆力的提升。

趣味记忆练习　**给你的大脑做做操**

回忆学过的汉字，写出有以下规律的字或词，各用5分钟。

左形右声（如"访"）：

右形左声（如"攻"）：

上形下声（如"茅"）：

下形上声（如"智"）：

内形外声（如"问"）：

外形内声（如"围"）：

及时复习有助于对抗遗忘

盼盼："妈妈，'学而时习之，不亦说乎'是什么意思？"

妈妈："意思就是学习并时常复习，不是很快乐吗？这是孔子说的话，告诉人们，学完之后要记得时常复习。"

盼盼："哦，为什么要时常复习呢？"

我们记忆的知识会随时间的增加逐渐被遗忘。对于遗忘这个不可控的因素，我们要想办法将它的影响降到最低。这就是说，如果我们能在快速遗忘的时间点上恰到好处地复习一下，就能对抗遗忘，使知识掌握得更牢固，不易遗忘。

顾炎武记忆力超群的法宝

明末清初有一位大思想家、大学问家叫顾炎武，他的记忆力惊人，不但能背诵由13部古书组成的十三经，而且在天文、历法、历史、地理、数学等方面都有很深的造诣。

顾炎武对抗遗忘的法宝，就是"复习"。据说他每年用三个月的时间来复习读过的书，剩下的时间则用来读新书。就是因为他这样勤于复习，他才能够熟记各种知识。

对抗遗忘的记忆曲线

为了抵抗大脑的遗忘，我们可以利用艾宾浩斯遗忘曲线，找到快速遗忘的几个时间点，让孩子在这几个时间点上及时复习，加深记忆，这样知识就不容易被遗忘了。

一般来说，需要复习的时间点有6个，分别是记忆知识10分钟后、1小时后、1天后、3天后、7天后、15天后。如果孩子在这几个时间点上及时复习，他们记忆知识的效果将会大大提高。复习对遗忘的影响如下图所示。

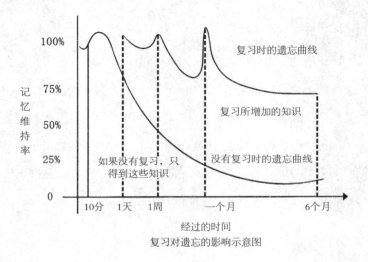

复习对遗忘的影响示意图

从图中我们可以看出，在快速遗忘的几个关键的时间点经过几次复习以后，人的记忆量基本能保持在75%左右，这就可以达到几个月甚至几年都不会遗忘的效果。

亲子时光 一起玩记忆游戏

根据下面卡片上的内容，家长与孩子一个人表演，一个人猜词语。表演的时候，要根据所记忆词语的先后顺序来表演，看看谁记得比较好。

游泳、骑车、写字、猴子、西瓜、
朗诵、听音乐、打电话、生气、
哈哈大笑

拍手、哭泣、劳累、兔子、吵架、
溜冰、跑步、吃西瓜、字母D、
画画、手牵手

在最佳时间段记忆

妈妈："欢欢，该起床啦！"

欢欢："我不想起床，我想再睡会儿嘛！"

妈妈："人们常说'一日之计在于晨'，就是说，早晨是一天中最好的时光。早上，头脑最清醒，是识记的最佳时间。快起来，把老师要求背的课文再好好背背。"

欢欢："那……好吧！"

……

欢欢："哇，妈妈，真的很神奇，我昨天晚上怎么都背不下来的课文，今天早上花半小时就背完了！"

如上例所示，很多时候，大脑的活动会不可避免地受到生理因素的影响，身体的状态直接影响了我们大脑思维的方式和强度。

每天到了饭点，你的肚子就会以"咕咕"叫的方式催你去吃饭；每天早上到了起床时间，你就会怎么也睡不着，只好起床。与此相似的是，孩子的记忆也要分时段。

在最佳记忆时段进行记忆，可以让孩子的记忆达到事半功倍的效果。那么，哪些时段是最佳记忆时段呢？下面我们来了解一下。

四个记忆高峰

据研究显示，人在一天中有四个记忆高峰时期，分别是清晨起床后、上午10~11点、下午2~3点和入睡前1小时。

1. 清晨起床后

由于大脑经过一夜的休息，脑神经处于活跃状态，又没有新的记忆的干扰，所以清晨起床后的这段时间是一天中的第一个记忆高峰期。此时认、识、记的效果都会很好。

父母可以充分利用这段记忆的黄金期，让孩子识记一些知识或背诵课文等。同时，这也可以有效地避免孩子因熬夜学习而影响记忆效果，也影响身体健康。

2. 上午10~11点

在上午10~11点时，人身体内的肾上腺素等激素分泌旺盛，精力充沛，大脑处于一天中最清醒的时候，具有严谨、周密的思考能力、认知能力和处理能力，因此，此刻是学习的最佳时间，尤其适合攻克学习上的难题。

3. 下午2~3点

下午2~3点是用脑的最佳时间，很多人利用这段时间来回顾、复习学过的东西，以加深印象。也可以利用这段时间做分门别类、归纳整理的工作，如整理笔记等。

4. 入睡前1个小时

入睡前1个小时是一天中最后一个记忆高峰。可以让孩子利用这段时间复习一天中所学的知识，也可以预习新课，对于一些难以记住的东西，这时候加以复习，则不容易遗忘。

不在空腹或饱腹时记忆

当人在过度饥饿的状态时，身体会失去平衡，注意力随之降低，记忆力也是最糟的时候。因此，最好不要让孩子在空腹时记东西。

吃得过饱时，记忆的效果也会大打折扣。这是因为，人在吃饱饭后，胃部活动旺盛，脑部及全身反应则会变得迟缓。当脑细胞的活动放缓时，人的记忆力自然就会降低。所以，家长应让孩子饭后休息一会儿再记忆，这样记忆效果会好一点。

趣味记忆练习　给你的大脑做做操

家长依次念出下面各组的汉字和数字，每隔1秒钟念1个。家长每念完1组，就让孩子将刚才听到的数字按出现的顺序写下来，不能写汉字。

例：家长念"家——4——水——3——风"，孩子写出"4、3"。

第一组：快——走——7——军。

第二组：开——8——寸——5——电——6。

第三组：表——叫——多——5——饮——3。

第四组：好——3——坏——9——东——6——手——2。

第五组：嘴——2——书——1——笔——4——飞——9。

睡眠是记忆的"加油站"

　　飞飞："佳佳，今天老师布置了什么作业？"

　　佳佳："你不是也听课了吗？怎么问我呢？"

　　飞飞："我昨天晚上睡得晚，今天一天都像在梦游，不记得老师布置了什么作业了。"

　　佳佳："好吧，我告诉你……"

　　飞飞因为睡眠不足，连老师布置的作业都忘记了，那他一天的学习效率可想而知。事实上，充足的睡眠是记忆力和理解力的保证，而且孩子需要比成人更多的睡眠，来满足他白天学习、玩耍的需要。因此，父母应保证孩子的睡眠时间充足。

睡眠与记忆力密切相关

睡眠充足与否与记忆力好坏有密切关系。如果孩子睡眠不足，则会对记忆力有以下影响：

1. 睡眠不足会引起记忆力衰退

英国杂志《自然神经学》刊登的一项研究结果表明，如果睡眠不足，人的脑部负责近期学习记忆的海马神经区域将会受到破坏。而孩子们往往缺乏睡眠补偿机制，因而对孩子记忆里的破坏往往是不可逆的。

2. 睡眠充足，记忆会更持久

科学家证实，充足的睡眠不但有利于保存和巩固记忆，而且还为新的记忆做好准备，预留记忆空间，使记忆更持久。

让孩子拥有优质睡眠的策略

既然睡眠对孩子的记忆力如此重要，那么家长该如何让孩子拥有优质睡眠呢？

1. 为孩子提供良好的睡眠环境

良好的睡眠环境有助于孩子入睡。首先，孩子的卧室应保持安静。其次，室内的光线、温度、卫生状况及床铺的舒适度也能保证孩子拥有高质量的睡眠。

2. 提早为睡眠做准备

为了让孩子更好地入睡，我们要避免孩子在睡前进食或者饮用刺激性饮料。另外，不要让孩子睡前做剧烈运动，也不要让孩子讲太多话或者听音乐、看电视，以免孩子情绪过于兴奋，无法入睡。

3. 督促孩子按时入睡

科学研究表明，人体的生物钟在晚上10点与11点之间会出现一次低潮期，此时，人的体温、呼吸、脉搏及整个身体状态都处在一天中的最低点，人们应在低潮来临之前入睡。因此，孩子的最佳睡眠时间应为9~10点。即使在周末，孩子的睡眠时间也不应延迟太久。长期坚持，孩子的睡眠就会形成一定的规律。

亲子时光　一起玩记忆游戏

　　家长在桌子上摆放下列物品：手表、铅笔、水杯、水果糖、火柴棒、书、剪刀、积木、钥匙、报纸。让孩子看1分钟后说出每件物品的名称，然后用布蒙上孩子的眼睛，并拿走剪刀、水杯、钥匙，让孩子摸一摸，说说少了哪几样东西。

坚持运动可提升记忆力

辰辰："爸爸，这些单词我已经记了很长时间，却还是记不住，怎么办啊？"

爸爸："记不住就不要记了。走，和爸爸出去打一会儿羽毛球去！"

辰辰："那怎么行，明天上课时老师要检查的。"

爸爸："走吧，走吧，放松一下，回来再记。"

……

辰辰："爸爸，我竟然一会儿就记住了，看来运动还能帮助我记东西呢！"

孩子的天性是好动的，他们一会儿互相追逐嬉戏，一会儿爬上

爬下，一会儿蹦蹦跳跳，一刻也不消停。其实，运动可以给孩子带来很多好处，它可以培养孩子的创造力，还可以让孩子展现自我，从而增强自信。此外，许多人不知道的是，运动还能帮助孩子开发记忆力。

多运动有助于提高记忆力

许多研究结果表明，要想保持大脑活跃，只需多做运动就可以了。一项记忆测试表明，那些经常走路的人比那些经常久坐的人记忆力要好一些。

之所以有这样的结果，原因在于经常运动可以锻炼脑力，尤其是刚刚运动完时，大脑比较清醒，有助于提高记忆力。

几种增强记忆力的运动

以下几种运动有助于增强孩子的记忆力，家长不妨让孩子多做此类运动。

1. 有氧运动

我们可以让孩子做一些有氧运动，这有助于增加血液中的含氧量，帮助孩子快速缓解脑部疲劳，使孩子神清气爽，对提高记忆力大有裨益。常见的有氧运动包括快走、慢跑、游泳、骑自行车等，孩子可以经常做这些运动。

2.　复杂的运动

　　孩子还适合做一些复杂的运动，如武术、舞蹈等，这些运动动作复杂，具有很强的技巧性，需要身体多个部位协调配合才能完成，这有助于增进神经系统的协调功能，从而增强大脑的功能，起到益智的作用。

3.　手部运动

　　家长还可以让孩子做一些手部运动。手是人体最灵活的器官，它所做的每一个精细的动作都需要在大脑的指挥下才能完成，而大脑思考的结果又需要手的配合才能完成。因此，经常活动手指就相当于在给大脑做"体操"。

在学习间歇做运动的注意事项

在孩子学习疲劳、记不住东西时，家长最好不要强迫孩子继续学习、记忆，可以带孩子出去做做运动。这时，不宜做过于剧烈的运动，比如打篮球、踢足球、打沙袋等。最好选择一些运动强度较小、动作舒缓的运动，以让孩子心情放松，然后全身心投入学习中。

趣味记忆练习 给你的大脑做做操

以"一"开头的成语有很多，试着在下面的"成语之最"中填写出来吧！

（1）最昂贵的稿费——（　　　　）

（2）最长的腿——（　　　　　）

（3）最大的手——（　　　　　）

（4）最大的树叶——（　　　　）

（5）最坚韧的头发——（　　　　）

（6）最快的阅读——（　　　　）

（7）最宽的视野——（　　　　）

（8）最吝啬的人——（　　　　）

（9）最亲密的伙伴——（　　　　　）

（10）最重的话——（　　　　）

（11）最高明的指挥——（　　　　）

（12）最无作为的人——（　　　　）

记忆趣闻：库克是这样记住扑克牌的

记忆达人埃德·库克曾是世界记忆锦标赛的参赛者，他的记忆力惊人，能在不到1小时内记住10副被洗牌、没有任何规律的扑克牌，而且可以在不到1分钟的时间内记住一副被打乱顺序的扑克牌。

库克是怎么做到的呢？有一次他介绍了自己的记忆秘诀。

库克首先摊开一副全新的纸牌，洗牌后他拿出上面的3张，分别是黑桃7、梅花Q和黑桃10，只听他念念有词："'天命真女'演唱组正用一个手提包猛敲弗朗兹·舒伯特。"几分钟后，待库克用这种方式分完牌，他已经能说出这副牌的顺序了，而且丝毫不差。

原来，库克的记忆秘诀就是把每张牌联想成人、物体和动物等具体的概念，比如，他把黑桃7联想成"天命真女"演唱组。然后将每3张扑克牌放在一起，联想成一幅某人正用某物做某事的图像，顺序是人——行为——物体，最后他将这些图像按照某条特定的自己熟悉的路线安排，并将其设计得尽可能流畅。当需要回忆纸牌的顺序时，库克只需要在脑海中沿着自己设计的路线将图像一一还原成扑克牌就行了。

　　掌握了好用的记忆方法，是不是能让记忆事半功倍？你是不是摩拳擦掌也想要试一试了呢？

P008

（1）半径 （2）曲线 （3）直径

（4）顶角 （5）半角 （6）圆心

（7）线段 （8）平行

P015

1. 加法：三、一、四；二、一、三；七、一、八。

2. 减法：十、一、九；八、一、七；六、一、五。

P068

（1）长春 （2）齐齐哈尔 （3）旅顺

（4）青岛 （5）宁波 （6）大同

（7）洛阳 （8）宁夏 （9）临安

P164

（1）一字千金　　　　　（2）一步登天

（3）一手遮天　　　　　（4）一叶障目

（5）一发千钧　　　　　（6）一目十行

（7）一览无余　　　　　（8）一毛不拔

（9）一丘之貉　　　　　（10）一言九鼎

（11）一呼百应　　　　（12）一事无成

附录
APPENDIX

测测孩子的记忆习惯

不良的记忆习惯会影响孩子的记忆力，使孩子无法快速、牢固地学习知识。家长不妨给孩子测测他平时的记忆习惯，改变不良的记忆习惯，并培养良好的记忆习惯，将会大大提升孩子的记忆力。

1. 你知道记忆和学习一样，需要制订记忆计划吗？

A. 知道

B. 知道一点点

C. 完全不知道

2. 如果你知道记忆要制订计划，那你制订过属于自己的记忆计划吗？

A. 我制订了记忆计划，并能够按照计划完成记忆任务

B. 我制订了记忆计划，但很少能按照计划完成记忆任务

C. 我不知道怎么制订记忆计划，而且我认为记忆计划无关紧要

3. 你是怎样安排学习时间的?

A. 我每天的学习时间相对比较稳定，可以按计划完成作业

B. 我感觉自己整天都在做作业，完全没有休息的时间

C. 我通常想玩就玩，想做作业就做作业，学习时间不固定

4. 你知道自己在哪个时间段记忆力最好吗?

A. 知道并能很好地利用

B. 知道但很难有效利用

C. 没注意

5. 假设你有2个小时的时间来完成语文和英语的背诵任务，你会如何分配这2个小时?

A. 我会根据自己的实际情况，有针对性地分配这2个小时

B. 平均分配，各1小时

C. 我没有时间概念，总是时间到了自己还没进入记忆状态

6. 在背诵需要记忆的内容时，你最常有的情绪是?

A. 轻松、愉悦，每次完成背诵任务时都很有成就感

B. 没有任何感觉，这是任务，不完成就要受批评

C. 烦躁、厌恶，怎么又要背东西，真想眼不见心不烦

7. 在背诵需要记忆的内容时，你通常会?

A. 一边记忆，一边思考、分析记忆材料，直到全部理解为止

B. 偶尔会思考，但大部分时间只要记住就满足

C. 什么也不想，只会死记硬背

8. 考试失败了，你通常会?

A. 难过是难免的，但会马上振作起来，仔细分析错题，总结
  失败的原因

B. 低落的情绪一直无法恢复，觉得自己真倒霉，甚至影响了
  今后的学习和生活

C. 无所谓，觉得这很正常，自己一定考不好的

9. 在记忆时，你会运用各种记忆方法来帮助自己记忆吗?

A. 会，我会根据不同的记忆材料使用不同的记忆方法

B. 我很难顺利使用记忆方法帮助自己记忆，也找不出原因

C. 我从来不使用任何记忆方法

10. 你掌握的记忆方法来自哪里?

A. 先汲取他人的经验，再结合个人情况总结出最适合自己的
  记忆方法

B. 照搬书上或别人的记忆方法和经验

C. 我不知道什么叫记忆方法

11. 在记忆过程中，我会?

A. 非常专注于自己的记忆内容，直到成功记住为止

B. 只能专心一小段时间，然后就开始发呆开小差

C. 我一开始记忆，就总想干其他事，如喝水、上厕所等

12. 记忆力训练需要持之以恒地不断练习，现在为自己预测一下，你觉得自己会？

A. 我能做到坚持不懈地锻炼自己的记忆力

B. 我对自己不是很有信心，但我愿意去尝试，我会努力挑战自我的

C. 我一定坚持不了

【测试结果解析】

如果孩子选A比较多，说明他通常有着较强的记忆主动性和良好、科学的记忆习惯，要让孩子继续保持。

如果孩子选B比较多，说明他是一个被动式的学习者和记忆者，记忆效率不高，缺乏行动力和科学性。他虽然处于懵懂、探索的状态，但是他仍然保持着进取之心。家长应该鼓励孩子多方尝试，积极寻找并建立自己的学习、记忆体系。

如果孩子选C比较多，说明孩子的注意力和自制力都比较欠缺，对学习和记忆缺乏兴趣和方法，有"厌记"倾向。建议家长帮助孩子重新审视他的整个学习和记忆的状态，调整学习心态。有必要的话，可以让孩子接受专业、规范的注意力、记忆力训练。

测测孩子的记忆方式

在日常生活和学习中，人们的记忆主要依靠看、听、实践这三种方式。不过，在使用这三种记忆方式时，每个人会各有侧重和偏好。比如，有的人喜欢通过"看"来记忆，对于其他的记忆方式则很少涉及或不愿了解。其实，这并不是什么好现象。只有将看、听、实践这三种方式结合起来，才能大大提高记忆效率。

下面这个测试可以帮助你了解孩子对记忆方式的偏好。在了解了孩子记忆的强项后，不妨鼓励孩子尝试着做一些新的突破。

1. 在课堂上，你可以有很多方法来学习。你偏好哪一种?

A. 听老师讲

B. 从黑板上抄录笔记

C. 利用课堂上学到的知识，尝试做一些练习

2. 看完电影后，你对看电影过程中的哪些方面记得最清楚？

A. 对话

B. 电影动作情节

C. 自己做的一些事：买票和爆米花

3. 你怎样学习修理漏气的自行车胎？

A. 找一个朋友，让他描述如何修理车胎

B. 买成套的修理工具，自己阅读修理说明书

C. 找一个扳钳，自己摸索着怎么修理

4. 如果你喜欢一首流行歌曲，你最喜欢做下面哪些事？

A. 学习歌词

B. 经常看歌曲录像

C. 试着模仿歌曲中的舞蹈

5. 在动脑的练习中，你做得如何？

A. 很差

B. 很好

C. 相当好

6. 你的动手能力如何？

A. 一般

B. 很好

C. 很差

7. 如果别人给你读了一则故事，你会？

A. 很详细地记录下来（一些片段还可以逐字记下）

B. 在脑中形成故事的一些片段

C. 很快忘记

8. 在你小的时候，你最喜欢做下面哪件事？

A. 阅读

B. 绘图和油画

C. 按形状分类游戏

9. 如果你搬到一个新的地方，你会通过什么方式去熟悉周围的交通路线？

A. 询问当地的人

B. 买一张地图

C. 慢慢闲逛直到熟悉道路的分布

10. 下面你最擅长记住的是什么？

A. 别人告诉我的话

B. 我所看到的东西

C. 我做的事

11. 你能最形象地记住？

A. 在学校学到的诗歌

B. 母校的样子

C. 学习游泳的感觉

12. 当你进行园艺活动的时候，你会？

A. 知道所有花、草的名字

B. 记得植物的样子，但是忘了它们的名字

C. 专注浇水和修枝

13. 日常生活中，你会？

A. 每天都读报

B. 确保每天都能看到电视新闻

C. 不是每天阅读新闻，因为我有更实际的事情需要做

14. 下面哪项让你觉得最悲痛？

A. 听力受损

B. 视力受损

C. 行动能力受损

〔测试结果解析〕

　　如果孩子选择A比较多，说明他是一个听力偏好者，比较喜欢使用听力这一记忆方式。孩子可能喜欢听声音，特别是语言，他能够很容易接受它们传达的信息。相比其他的学习方法，孩子更倾向于记住或理解用耳朵听到的信息。

　　如果孩子选择B比较多，说明他是一个视觉偏好者，比较喜欢

使用视觉这一记忆方式。相对于其他的方法，孩子用视觉的方法能更好地理解以及记住信息。

如果孩子选择C比较多，说明他是一个实践偏好者，比较喜欢使用实践这一记忆方式。孩子喜欢通过自己双手的实践来获得一些知识，能够从实践中学到更多，甚至比在教室里学习学得还要多。

后记
POSTSCRIPT

　　看到这里，相信各位家长和小朋友已经尝试着练习其中的记忆方法了吧！其实，孩子记忆力不好，家长不要过于心急，因为记忆力的提升是一个循序渐进的过程，并不是一蹴而就的。

　　俗话说："师父领进门，修行在个人。"当你读完这本书后，也许就已经了解了提高记忆力的精髓，这是帮助孩子提高记忆力的第一步，剩下的还需要孩子在学习和生活中不断巩固，不断练习，及时应用，这样才能巧记、牢记各种知识，从而使孩子的记忆力得到一定程度的提升。

　　这里需要指出的是，本书倡导的是寓教于乐的学习方式，每个家长都希望自己的孩子知识渊博，但是记忆的过程本来就是一个枯燥乏味的过程，家长要善于帮助

孩子寻找到记忆的乐趣，不要让"死记硬背"扼杀了孩子爱玩的天性。

此外，在做记忆练习的过程中，家长不要强迫孩子记忆，应保证孩子玩耍和休息的时间，让孩子的大脑得到充分的休息，这有利于孩子记忆知识，也有利于孩子记忆力的提升。